21世纪立体化中等职业学校规划教材·计算机系列

Photoshop 基础实用教程

程　喆　麦海森　江新顺　主　编
吴　玮　张叙政　李利红　副主编

電子工業出版社
Publishing House of Electronics Industry
北京·BEIJING

内 容 简 介

Photoshop 是 Adobe 公司出品的平面设计软件，被设计师们广泛应用于图像处理、广告摄影、影像创意、艺术文字、网页制作、建筑效果图后期处理、界面设计、排版印刷等工作领域。

Photoshop 软件支持众多的图像格式，对图像的常用操作和处理达到了非常细致的程度，是任何一款同类产品都无法比拟的。本书对 Photoshop 软件中常用的操作进行了详细的介绍，主要内容包括：Photoshop 入门须知、选区、图像调整、图层、画笔工具、钢笔工具、文字工具、滤镜，最后通过成长的阶梯模块进行综合运用，达到会用、够用、灵活用的目的。

本书适合作为中等职业学校计算机平面设计专业的学生使用，也可以作为 Photoshop 入门者的参考用书。

图书在版编目（CIP）数据

Photoshop 基础实用教程/程喆，麦海森，江新顺主编．—北京：电子工业出版社，2016.10
ISBN 978-7-121-29171-5

Ⅰ．①P… Ⅱ．①程… ②麦… ③江… Ⅲ．①图象处理软件－教材 Ⅳ．①TP391.41

中国版本图书馆 CIP 数据核字(2016)第 141807 号

策划编辑：陈　虹　张思博
责任编辑：陈　虹　　　　　特约编辑：许振伍　杨　昕
印　　刷：三河市华成印务有限公司
装　　订：三河市华成印务有限公司
出版发行：电子工业出版社
　　　　　北京市海淀区万寿路 173 信箱　邮编 100036
开　　本：787×1 092　1/16　印张：11.75　字数：286 千字
版　　次：2016 年 10 月第 1 版
印　　次：2022 年 7 月第 6 次印刷
定　　价：32.00 元

凡所购买电子工业出版社图书有缺损问题，请向购买书店调换。若书店售缺，请与本社发行部联系，联系及邮购电话：(010)88254888，88258888。

质量投诉请发邮件至 zlts@phei.com.cn，盗版侵权举报请发邮件至 dbqq@phei.com.cn。

本书咨询联系方式：电话010-62017651；邮箱fservice@vip.163.com；QQ群427695338；微信DZFW18310186571。

前　言

中等职业教育是我国等同于高中阶段教育的重要组成部分，而中等职业学校的教学目标是培养具有综合职业能力的高素质技能型人才。随着我国中等职业教育改革的不断深入与创新，以就业为导向，以学生为本位，提倡学生全面发展的职业教育理念迅速应用到教学过程中，从而很好地完成了从重知识到重能力的转化过程。职业教育的课程特点主要体现在以下几个方面。

1. 教材从实际案例出发，以兴趣引领、任务驱动的方式进行授课，改变了传统教材以理论为主线的写法，内容简单易懂。

2. 职业教育以实用、够用为度，深入浅出地介绍了知识内容，便于理解掌握。

3. 坚持以学生为本位，充分激发学生的学习兴趣。

4. 重视技能培养，加强动手能力，解决实际问题。

5. 重视与实践紧密结合的项目任务和实训内容，使学生学习完本书以后，能够具有分析问题、解决问题的能力。

本书以模块的形式进行任务分解，拓展学生动脑思考的空间，使学生学完本书以后能够真正掌握 Photoshop 的使用技巧。

本书共 8 个模块，模块一介绍了绘制规则选区和不规则选区的方法；模块二介绍了色彩模式及色彩相关的知识；模块三介绍了图层的相关操作；模块四介绍了绘图工具——画笔的使用；模块五介绍了绘制自由曲线的方法；模块六介绍了文字工具的使用方法；模块七对 Photoshop 中的特殊内容——滤镜进行了介绍；模块八是综合知识应用版块，将设计领域的一些基础知识融入到 Photoshop 的知识点中，以开阔学生的视野。

本书从 Photoshop 基础教学实际出发，将复杂的知识用简单的描述表达，专门设计了“任务分析+探索动脑”的教学结构，能够保证在学习知识点的同时，充分调动学生学习的积极性；打破传统课堂的“以教师讲”的主要方式，转变为“以学生学”的主要授课模式，通过学生自己动脑分析，动手操作，真正掌握 Photoshop 的使用方法。

本书由黑龙江贸易经济学校程喆，佛山市财经学校麦海森，江苏省高淳中等专科学校江新顺担任主编；由黑龙江贸易经济学校吴玮、张叙政，广州市电子信息学校李利红担任副主编；参与编写的还有黑龙江贸易经济学校田峰、石权，佛山市财经学校翁小平，佛山市三水区理工（技工）学校艾辉，淮安工业中等专业学校马娟、罗红艳。具体分工如下：罗红艳编写 Photoshop 入门须知，程喆编写模块一，麦海森、翁小平编写模块二，张叙政编写模块三，李利红编写模块四，石权编写模块五，田峰编写模块六，江新顺、艾辉编写模块七，麦海森编写模块八中的第一至三阶梯，吴玮编写模块八中的第四阶梯，马娟编写附录。由程喆负责统稿工作。

由于作者水平有限，时间仓促，错误和疏漏之处在所难免，恳请广大读者批评指正。

编　者

目　　录

Photoshop 入门须知

一、公司简介

Adobe 公司创建于 1982 年，是世界领先的数字媒体和在线营销方案的供应商。公司总部位于美国加利福尼亚州圣何塞。Adobe 公司的客户包括世界各地的企业、知识工作者、创意人士和设计者、OEM 合作伙伴及开发人员。Adobe 公司自 1990 年推出 Photoshop 以来，已成为世界上最受欢迎的图像处理软件，并成为了许多涉及图像处理的行业的标准。

二、软件介绍

Photoshop 是 Adobe 公司开发的一款跨平台的平面图像处理软件，是专业设计人员的首选软件。Photoshop 作为一款图像处理软件，其优势不在于图形创作，而在于对已有的图像进行编辑、加工、处理及制作一些特殊效果。它主要应用于平面设计、网页设计、数码摄影后期处理、建筑效果图后期处理及影像创意等。

三、工作界面

本书以 Phtotshop CS5 版本为蓝本进行介绍。启动 Photoshop CS5 后，其界面如图 0-1 所示。

图 0-1

通过图 0-1 可以看出，完整的操作界面由视图控制栏、菜单栏、面板、工具箱、工具选项栏、编辑区和状态栏组成。

1. 视图控制栏

视图控制栏主要用于控制当前操作图像的查看方法，如显示比例、屏幕显示模式、文件窗口摆放方式、界面预设及 CS5 新增的 CS Live 在线支持功能等。

2. 菜单栏

在 Photoshop CS5 的菜单栏中共有 11 类近百个菜单命令，利用这些菜单命令，既可完成如复制、粘贴等基础操作，也可以完成如调整图像颜色、变换图像、修改选区、对齐分布及链接图层等较为复杂的操作。

3. 面板

面板是 Photoshop 中非常重要的组成部分，利用 Photoshop CS5 中的各种面板，可以进行显示信息、控制图层、调整动作和控制历史记录等操作。

4. 工具箱

工具箱与菜单栏、面板一起构成了 Photoshop 的核心，是不可缺少的工作好帮手。

Photoshop CS5 的工具箱中共有上百个工具可供选择，使用这些工具可以完成绘制、编辑、观察和测量等操作。

5. 工具选项栏

工具选项栏是工具箱中工具的功能延伸，通过设置工具选项栏中的选项，不仅可以有效地增加工具在使用中的灵活性，而且还能够提高工作效率。

6. 编辑区

编辑区即当前正在进行处理的图像文件所在的区域。

7. 状态栏

状态栏提供当前文件的显示比例、文件大小、内存使用率、操作运行时间和当前工具等提示信息。

四、初次使用

1. 图像文件的格式

理解图像文件格式的重要性，并不亚于掌握 Photoshop 中的重要工具或命令，因为使用 Photoshop 制作的图像最终都要应用到各个领域，如果不能在应用时选择正确的文件格式，不仅所得到的效果会大打折扣，甚至可能无法正确显示。

例如，应用于彩色印刷领域的图像文件格式要求为 TIFF，如果格式为 BMP 将无法正确分色，自然不会有正确的印刷效果。同样的道理，网络传输需要较小的图像文件，TIFF 格式就不太适合了，而 GIF 或 JPEG 格式才是正确的选择。

因此，针对不同的工作任务选择不同的文件格式非常重要。下面介绍几种在 Photoshop 中使用非常频繁的图像文件格式。

（1）PSD/PSB 格式

PSD 是 Photoshop 的默认文件格式，而且是能够支持所有图像模式（如位图、灰度、双色调、索引颜色、RGB、CMYK、Lab 和多通道）的文件格式，甚至还可以保存图像中的辅助线、Alpha 通道和图层，从而为再次调整、修改图像提供了可能。

PSB 属于大型文件格式，除了具有 PSD 文件格式的所有属性外，最大的特点就是支持宽度或高度最大为 300 000 像素的文件。

需要注意的是，一旦存储为 PSB 格式，目前只能在 Photoshop CS 版本以上中打开。

（2）JPEG 格式

JPEG 格式是互联网上最为常用的图像文件格式之一。JPEG 格式支持 CMYK、RGB 和灰度颜色模式，也可以保存图像中的路径，但无法保存 Alpha 通道。

此类文件格式的最大优点是能够大幅度地降低文件容量，但由于降低文件容量是通过有选择地删除图像数据来进行的，因此图像质量有一定的损失。在将图像文件保存为 JPEG 格式时，可以选择压缩的级别，级别越高得到的图像质量越高，文件的容量也就越大。

（3）TIFF 格式

TIFF 格式的图像用于在不同的应用程序和不同的计算机平台之间交换。换言之，使用此种格式保存的图像可以在 PC、MAC 等不同的操作平台上打开，而且不会有区别。

除此之外，TIFF 是一种通用的位图图像文件格式，几乎所有的绘画、图像编辑和页面版式应用程序均支持此种文件格式。TIFF 格式支持具有 Alpha 通道的 CMYK、RGB、Lab、索引颜色、灰度图像，以及无 Alpha 通道的位图模式图像。

TIFF 格式能够保存通道、图层、路径。从这一点来看，TIFF 格式似乎与 PSD 格式没有什么区别，但实际上如果在其他应用程序中打开 TIFF 格式所保存的图像，则所有图层将被拼合。换言之，只有使用 Photoshop 打开 TIFF 格式的图像，才能够修改其中的图层。

（4）GIF 格式

GIF 格式使用 8 位颜色并可以在保留图像细节（如艺术线条、徽标或带文字的插图）的同时有效地压缩图像实色区域。因为 GIF 格式的文件只有 256 种颜色，所以将原 24 位图像文件转换为 8 位的 GIF 格式时会导致丢失颜色信息。

GIF 格式的最大特点是能够创建具有动画效果的图像。在 Flash 尚未出现之前，GIF 格式是互联网上动画文件的霸主，几乎所有的动画图像均需要保存为 GIF 格式。

除此之外，GIF 格式支持背景透明，因此如果需要在设置网页时使图像更好地与背景相融合，则需要将图像保存为 GIF 格式。

（5）PNG-8/PNG-24 格式

与 GIF 格式一样，PNG-8 格式可在保留图像细节的同时有效地压缩实色区域。但 PNG-8 格式的图像文件使用了比 GIF 格式更高级的压缩方案，因此使用 PNG-8 格式保存同一图像时的容量比 GIF 格式的文件小 10%～30%。

与 PNG-8 格式类似的是 PNG-24 格式，此类格式支持 24 位颜色。同 JPEG 格式一样，PNG-24 格式可保留照片中存在的亮度和色相的显著和细微变化。PNG-24 格式与 PNG-8 格式均使用相同的无损压缩方法。

PNG-24 格式的显著特点是支持多色阶背景透明，即允许图像的透明区域具有多达 256 个色阶，因此使用 PNG-24 格式保存的图像可以非常平滑地将图像边缘同任何背景色相融合。但需要注意的是，不是所有的浏览器都支持多色阶透明度。

（6）BMP 格式

BMP 是 Windows 操作系统中的标准图像格式。BMP 格式支持 RGB、索引颜色、灰度和位图颜色模式，但不能保存 Alpha 通道。

（7）EPS 格式

EPS 格式可以同时包含矢量图形和位图图像，并且几乎所有的图形、图表和页面版式程序都支持该格式。EPS 格式用于在应用程序之间传递用 PostScript 语言所编译的图片，当在 Photoshop 中打开包含矢量图形的 EPS 文件时，Photoshop 会将矢量图形转换为位图图像。

EPS 格式支持 Lab、CMYK、RGB、索引颜色、双色调、灰度和位图颜色模式，但无法保存 Alpha 通道。

（8）PDF 格式

PDF 格式是一种灵活的、跨平台、跨应用程序的文件格式，使用 PDF 格式能够精确地显示并保留字体、页面版式及矢量和位图图形。另外，PDF 格式可以包含电子文件搜索和导航功能（如电子链接）。

由于具有良好的传输和文件信息保留功能，PDF 已经成为无纸化办公的首选文件格式。如果使用 Acrobat 等软件对 PDF 格式的文件进行注释和标记等编辑，对于异地协同作业将非常有帮助。

2. Photoshop 的基本操作

打开旧文件、创建新文件、保存文件和退出是 Photoshop 的基础操作，这里将介绍在 Photoshop 中如何执行这些操作。

（1）打开图像文件

选择“文件”→“打开”命令（或按 Ctrl+O 组合键），将弹出如图 0-2 所示的“打开”对话框，在此对话框中可以选择打开一个旧文件。Photoshop 支持的可打开的图像格式非常多，在“打开”对话框的“文件类型”下拉列表中可以选择。

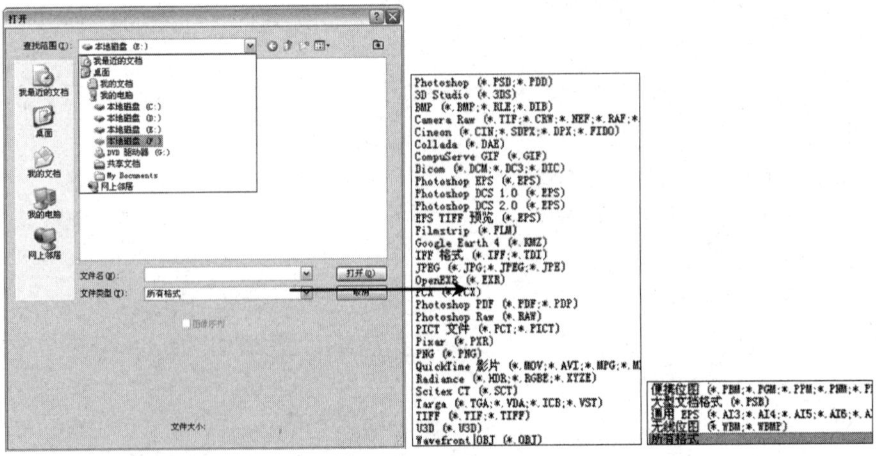

图 0-2

（2）创建图像文件

选择“文件”→“新建”命令（或按 Ctrl+N 组合键），将弹出如图 0-3 所示的“新建”对话框，在此对话框中可以设置新建文件的各项必要参数。如果需要创建的文件尺寸属于常见的尺寸，可以在“新建”对话框的“预设”下拉列表中选择相应的选项。

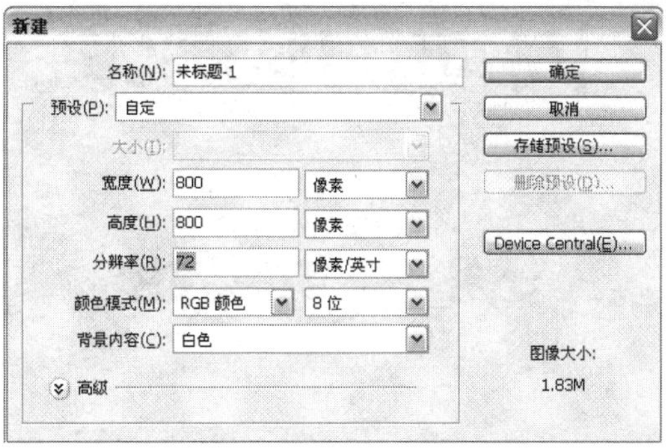

图 0-3

（3）保存图像文件

在实际工作中，对于新建的图像文件或更改后的图像文件，需要将其保存以便于在以后的工作中输出或编辑。选择“文件”→“存储”命令（或按 Ctrl+S 组合键），可以保存对当前文件所进行的更改，或者以某种格式保存为一个新文件。选择“文件”→“存储为”命令，可以在不同的位置保存图像，或者以不同的文件名、格式和选项设置保存图像。

（4）退出 Photoshop

在实际工作中，利用 Photoshop 制作完成的图像需要进行保存，才可以将其永久保留下来，便于下次使用时修改。保存文件之后可以选择“文件”→“退出”命令（或按 Ctrl+Q 组合键），退出 Photoshop。

模块一

闪动的蚂蚁线——选区

任务一　电影胶片

任务引入

周末小商和校校去电影制片厂参观，参观后，他们发现最早的电影是通过胶片拍出来的，他们对胶片产生了浓厚的兴趣。

图 1-1 就是小商和校校根据他们参观后的记忆，利用 Photoshop 绘制出的胶片效果图。同学们，你看胶片是由哪些基本图形组成的呢？

图 1-1

任务分析

1. 胶片由哪些图形组成？
2. 胶片有什么颜色？

实现过程

1）选择“文件”→“新建”命令。

2）在“新建”对话框中为文件起个名称“电影胶片+姓名”。

3）在“宽度”数值框中输入 600，单位为“像素”；在“高度”数值框中输入 200，单位为“像素”。“分辨率”默认设置为 72 像素/英寸。设置完后单击“确定”按钮。

4）按 Ctrl+Delete 组合键，进行背景色填充。

5）选择工具箱中的“矩形选框工具”，在画布的左上方绘制正方形，如图 1-2 所示。

技巧与提示

如果在绘制矩形选框的同时按住键盘上的 Shift 键，可以得到正方形。

6）按 Alt+Delete 组合键，进行前景色填充，如图 1-3 所示。

图 1-2

图 1-3

7）按键盘上的向右方向键 20 次，此时第 2 个矩形框与第一个矩形框之间已经有了一定的间距，再重复第 6 步。

现在已经有了 2 个大小相同的白色正方形，那么该如何得到其他同样大小的白色正方形呢？同学们可以根据上述操作进行绘制。

8）选择工具箱中的“矩形选框工具”，在画布的左边绘制一个长方形选区并填充，如图 1-4 所示。

图 1-4

9）同学们动脑筋想一想，运用所学的知识完成图 1-5 的效果。

图 1-5

技巧与提示

按 Alt+Delete 组合键，可以填充前景色。
按 Ctrl+Delete 组合键，可以填充背景色。

10）选择工具箱中的“矩形选框工具”，绘制出一个长方形的选区，如图 1-6 所示。

图 1-6

11）选择“编辑”→“拷贝”命令，复制该选区，再次选择“编辑”→“粘贴”命令将该选区粘贴到画布中。

12）选择工具箱中的“移动工具”，将复制出的图形移动至大矩形下方，如图 1-7 所示。

图 1-7

答疑解惑

一、选区

选区是整个 Photoshop 的重点，顾名思义，选区就是选择的区域。

本模块主要介绍 3 种可以建立选区的工具：选框工具（M）、魔棒工具（W）和套索工具（L）。

选区作为一个非实体对象，可以对其进行运算，当选择选区工具后，可以在工具选项栏中单击如图 1-8 所示的按钮，分别为新选区、添加到选区、从选区减去和与选区交叉，如图 1-8 所示。

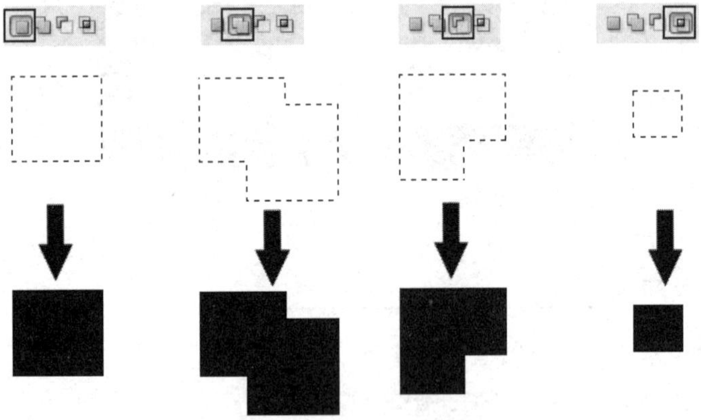

图 1-8

二、羽化

在工具选项栏的“羽化”数值框中输入相关数值，可以设置选区的羽化程度。对被羽化的选区填充颜色或图案后，“羽化”数值框中输入的数值越大，柔和效果越明显，如图 1-9 所示。

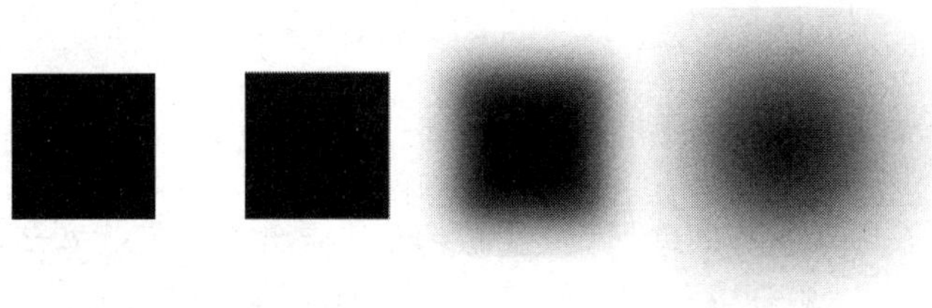

原图　　羽化值=0　　羽化值=10　　羽化值=20

图 1-9

技巧与提示

在移动选区时，若按住 Shift 键，选区可沿水平、垂直或 45°角的方向进行移动；若按组合键 Shift+方向键，则选区可以每次移动 10 个像素的距离；若按住 Ctrl 键的同时并用鼠标拖动选区，则可以移动选区内的图像；若只按键盘上的 4 个方向键，则每按一次选区将移动 1 个像素。

任务二　青蛙闹钟

任务引入

由于校校喜欢熬夜，小商就叫她“夜猫子”，晚上不睡，早上不起，这可不是个好习惯。于是小商就给校校买了一只闹钟，让闹钟每天叫她起床。校校看着可爱的青蛙闹钟，高兴极了。青蛙闹钟如图 1-10 所示。

图 1-10

技巧与提示

单击工具箱中的“设置前景色”可以为前景色设置任意颜色。

任务分析

1. 青蛙闹钟由哪些基本图形组成？

2. 青蛙闹钟有哪些颜色？

3. “矩形选框工具”右下角有个小三角按钮，它有什么作用呢？（使用鼠标左键按住“矩形选框工具”，会弹出辅助扩展工具，其中共有 4 个扩展工具，如图 1-11 所示，本例中只用到“矩形选框工具”与“椭圆选框工具”。）

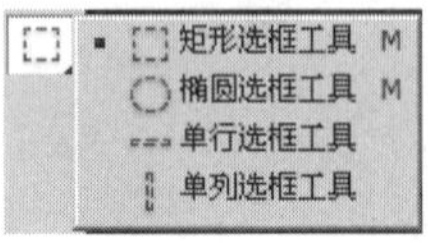

图 1-11

实现过程

1）选择“文件”→“新建”命令。

2）在“新建”对话框中为文件起个名称“闹钟+姓名”。

3）在“宽度”数值框中输入 600，单位为“像素”；在“高度”数值框中输入 600，单位为“像素”。“分辨率”默认设置为 72 像素/英寸。设置完成后单击“确定”按钮。

4）单击工具箱中的“设置前景色”，弹出“拾色器”对话框，将前景色设置为绿色，如图 1-12 所示。

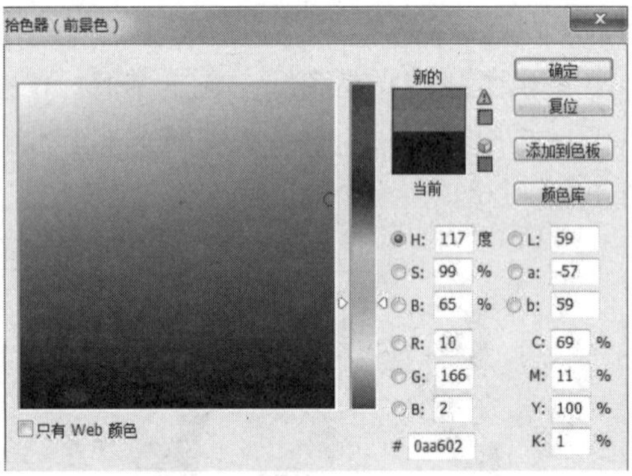

图 1-12

5）使用“椭圆选框工具”在画布中间绘制一个正圆，作为闹钟的主体，如图 1-13 所示。

6）在正圆内填充刚才设置好的前景色，或按 Alt+Delete 组合键，进行前景色填充，如图 1-14 所示。

7）选择“椭圆选框工具”，并单击工具选项栏中的“添加到选区”按钮，绘制如图 1-15 所示的选区。

8）如何向新绘制的选区内部添充颜色呢？如何移动选区？同学们可以根据前面所介绍选区操作以及背景填充的知识进行操作。

9）接下来同之前的操作一样绘制出如图 1-16 所示的图形。

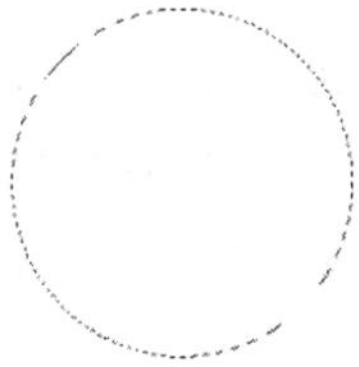

图 1-13

图 1-14

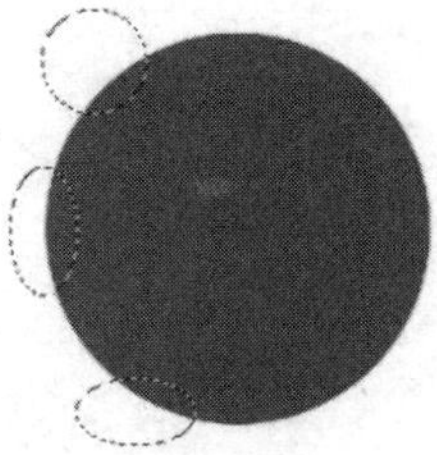

图 1-15

图 1-16

10）再用之前所学习的知识绘制出如图 1-17 所示的图形，并完成如图 1-18 所示的最终效果。

图 1-17

图 1-18

任务三　仙女的魔法棒

任务引入

小商和校校去电影院看经典的格林童话《灰姑娘》，这个童话讲述了一个幼年丧母、成年丧父，继母和继母的孩子霸占了本属于灰姑娘的家并迫使灰姑娘沦为奴仆的故事。

校校说：“这口气，我可咽不下去，明明是鸠占鹊巢，还要为外来者服务。”

小商说：“但是灰姑娘仍然坚定、勇敢、善良，心中没有怨恨，而且还积极、乐观地生活，并帮助了身边一群动物朋友。灰姑娘后来的成功很大程度上来自于动物伙伴们的鼎力相助，还得到了仙女的帮助。”我们现在也来当一回魔法师，使用 Photoshop 施展魔法，给灰姑娘制作一件蓝色的新连衣裙，让她去参加王子的舞会吧！

任务分析

如何将灰姑娘深紫色连衣裙换成蓝色，即将如图 1-19 所示的连衣裙颜色换成如图 1-20 所示的颜色？（提示：衣服大面积的颜色一致，因此可以基于颜色的内容建立选区，然后再替换颜色。）

图 1-19

图 1-20

实现过程

1）选择“文件”→“打开”命令，导入灰姑娘图片。

2）选择工具箱中的“魔棒工具”，取消勾选工具选项栏中的“连续”复选框，然后单击灰姑娘裙子中的深紫色部分。这时会发现，所有深紫色的区域全部被选中，如图 1-21 所示。

3）单击“设置前景色”，弹出“拾色器（前景色）”对话框，将颜色设置为蓝色，如图 1-22 所示。

图 1-21

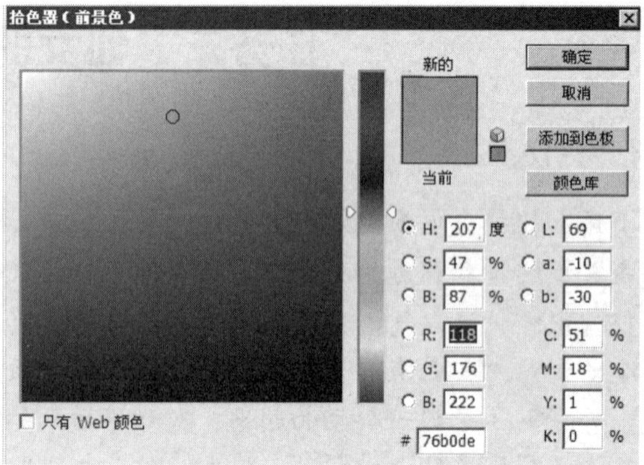

图 1-22

4）然后按组合键 Alt+Delete，将选区进行颜色填充，这时灰姑娘裙子深紫色部分都变成了蓝色。

5）灰姑娘的手套和袖子部分现在还不是蓝色的，请同学们动脑筋想一想，如何让灰姑娘穿上全部都是蓝色的礼服？

答疑解惑

魔棒工具

魔棒工具是根据相邻像素颜色的相似程度来确定选择区域的一种选取工具，主要有以下 2 个选项。

容差：该数值框用于控制 Photoshop 所能选择的颜色范围。

连续：该复选框用来控制选择图像颜色的时候是只能选择一个区域中的颜色还是跨区域进行选择，如图 1-23 所示。

图 1-23 是勾选“连续”复选框，只能选择蓝天的一部分；图 1-24 是取消勾选“连续”复选框，就可以选择图像中其他不连续的蓝色区域。

图 1-23

图 1-24

任务四　神奇娃娃机

任务引入

小商和校校去游乐场玩的时候，校校相中了娃娃机里的玩偶，抓了好多次都失败了。她对小商说：“如果我能有个像西部牛仔那样的绳索该多好呀，相中哪个就可以套哪个！”小商说“这好办，我帮你套几只漂亮的娃娃吧！”

任务分析

1. 图 1-25 和图 1-26 有什么相同点？
2. 图 1-27 与图 1-25 和图 1-26 又有什么区别？

图 1-25

图 1-26

图 1-27

答疑解惑

套索工具

套索工具是利用鼠标自由选择选区的工具，在选区的起点按住鼠标左键，并自由拖动到结束点，即可完成区域的选择。图 1-25、图 1-26 和图 1-27 都可以使用套索工具完成区域的选择。在对这 3 幅图进行区域选择时，首先应了解套索工具的 3 种辅助扩展工具的使用。

为了使用这些辅助扩展工具，可以将光标移动到工具箱中的“套索工具”上，按住鼠标左键不放，将会出现“套索工具”“多边形套索工具”和“磁性套索工具”。

① 套索工具：这个工具可以随意选择选区。

② 多边形套索工具：这个工具是以直线形式选择选区，一般应用于对多边形图片的选择。

③ 磁性套索工具：这个工具可以自动吸附色调差别比较大的边界线，对图片区域进行选择。由于在绘制选区时，犹如磁铁般被选择区域的边界线所吸附，因此而得名。这 3 种套索工具的用途和使用方法如表 1-1 所示。

表 1-1　套索工具、多边形套索工具和磁性套索工具的用途和使用方法

名称	工具图标	用　　途	使 用 方 法
套索工具		用于选择任意不规则的选区，拖动鼠标在图像中徒手绘制，制作出随意轮廓的选区。通常用于绘制一些形状不规则的选区	在选区的起点按住鼠标左键，并自由拖动到结束点，即可完成区域的选择
多边形套索工具		用于选择具有一定规则的选区，如用来选择边缘规则的几何图形	在选区的起点单击，然后陆续单击绘制其他折点来确定每一条折线的位置，当绘制到与起点相邻的最后一个折点时双击，选区就会自动形成一个封闭区域

续表

名称	工具图标	用　　途	使用方法
磁性套索工具		用于选择边缘比较清晰且与背景颜色相差比较大的图片的选区。它有一个非常明显的特点，就是具有磁性，使用“磁性套索工具”选择具有非常明显边缘的图形时，会自动吸附在图形边缘上	在选区的起点单击，然后沿着图形的边缘拖动，选区边缘会自动吸附在图形边缘上，当回到起点时，光标旁会出现一个小圆圈，表示选区可闭合，这时单击即可完成操作

技巧与提示

使用“多边形套索工具”和“磁性套索工具”在选择选区的过程中如果对某一点不理想，可以按 Delete 键删除该点，而按下 Esc 键将取消本次选区的选择。

通过以上介绍的 3 种套索工具，你认为图 1-25、图 1-26 与图 1-27 这 3 幅图片分别应该使用哪一种套索工具进行选择呢？动手试一下吧！

技巧与提示

普通“套索工具”和“多边形套索工具”的切换方法：在使用其中一种工具的过程中，按住 Alt 键，可以切换到另一种工具。普通“套索工具”切换到“多边形套索工具”后，要返回普通“套索工具”，一定要先按住鼠标左键再松开 Alt 键，这样才可以继续绘制选区，否则选区将闭合。

“磁性套索工具”切换到另外 2 种套索工具的方法：先按住 Alt 键，再将操作方式改为普通“套索工具”或“多边形套索工具”即可。

举一反三

一、制作精彩点线（见图 1-28）

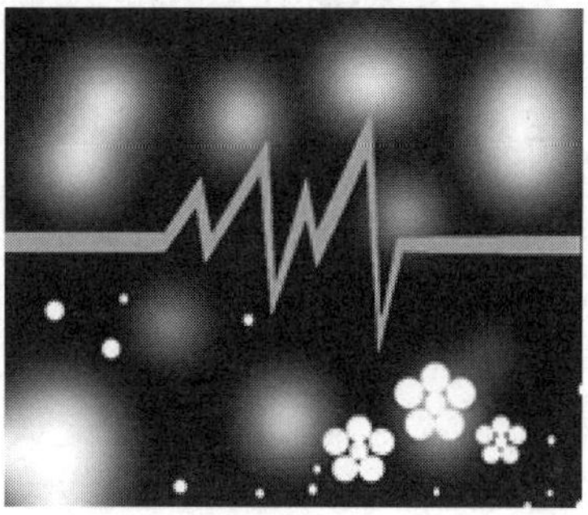

图 1-28

步骤分析图（见图 1-29 至图 1-31）

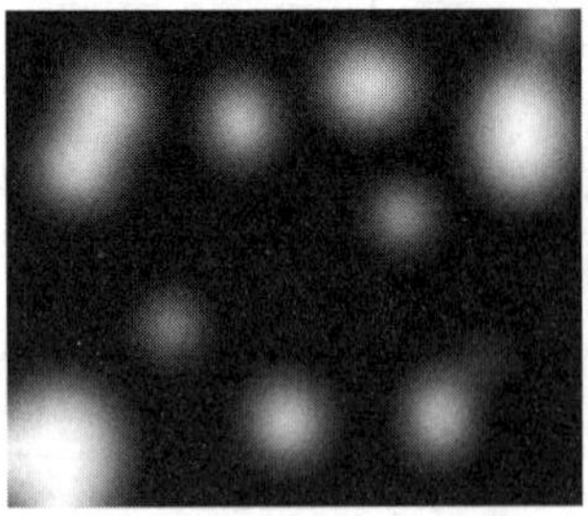

图 1-29

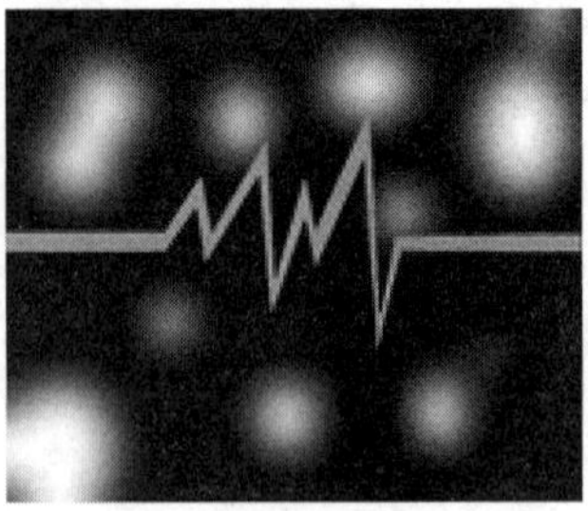

图 1-30

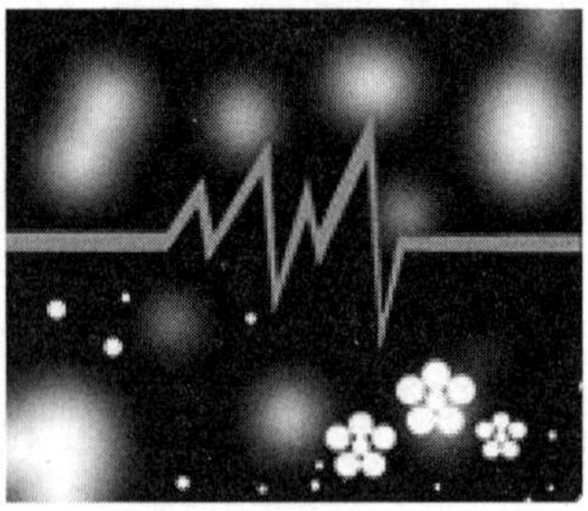

图 1-31

知识点提示

使用前景色填充（Alt+Delete）、背景色填充（Ctrl+Delete）、椭圆选框工具、多边形套索工具和“羽化”命令（Shift+F6）。

二、制作猫咪（见图 1-32）

图 1-32

步骤分析图（见图 1-33 至 1-36）

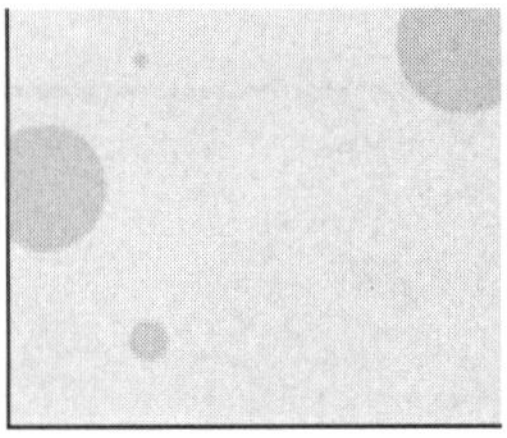

图 1-33

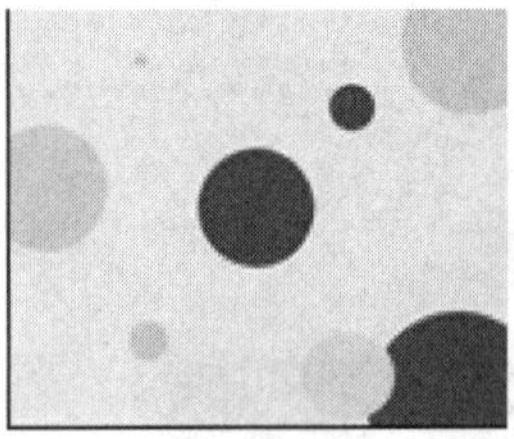

图 1-34

图 1-35

图 1-36

知识点提示

使用前景色填充（Alt+Delete）、背景色填充（Ctrl+Delete）、椭圆选框工具和移动工具。

三、制作彩虹伞（见图 1-37）

图 1-37

步骤分析图（见图 1-38 至图 1-41）

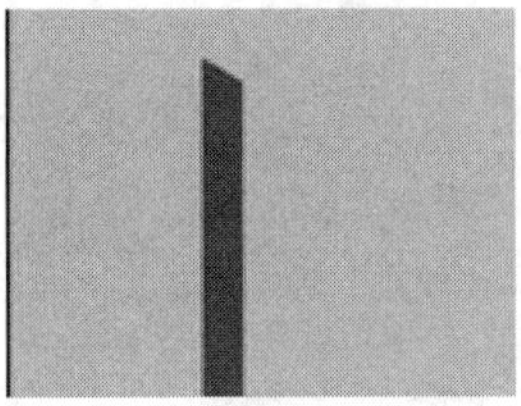

图 1-38

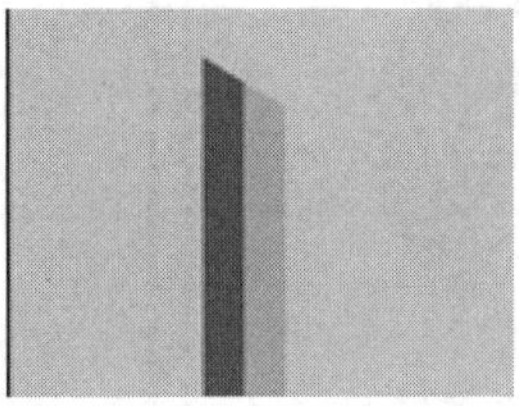

图 1-39

图 1-40

图 1-41

知识点提示

使用前景色填充（Alt+Delete）、背景色填充（Ctrl+Delete）、多边形套索工具、移动工具和椭圆选框工具。

四、制作“环保树”（见图 1-42）

图 1-42

步骤分析图（见图 1-43 至图 1-51）

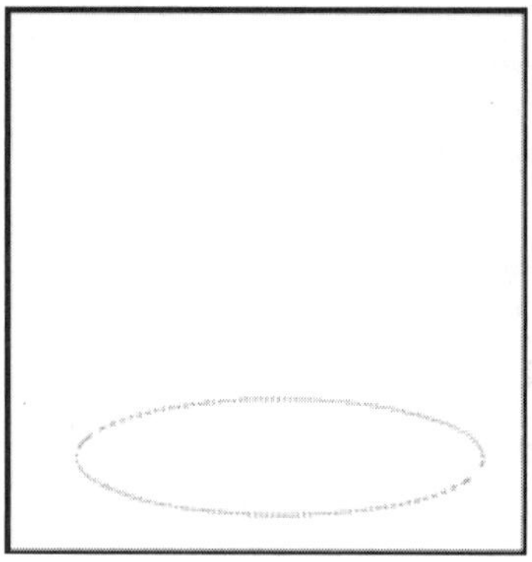

图 1-43

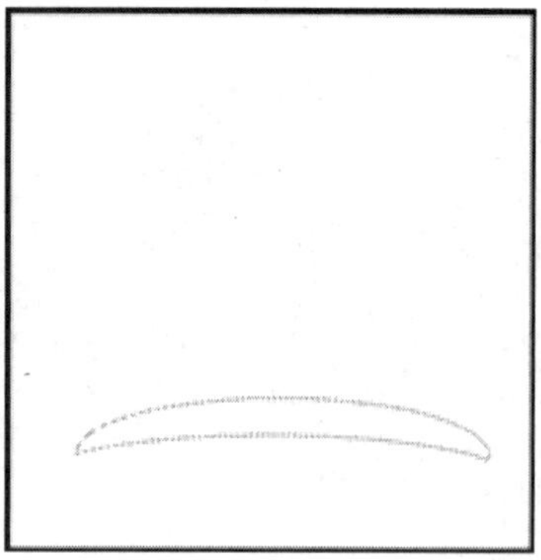

图 1-44

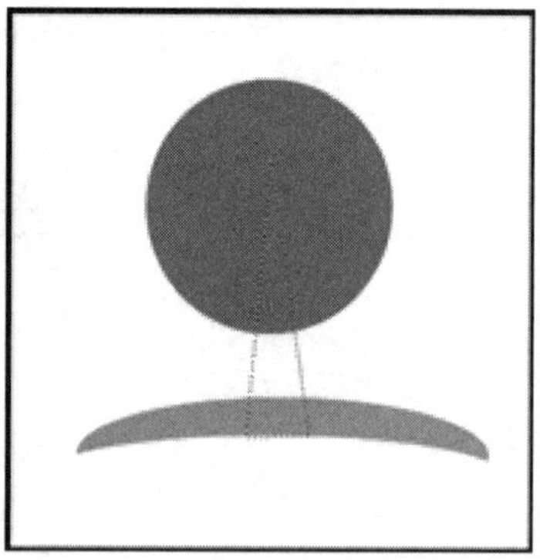

图 1-45

图 1-46

图 1-47

图 1-48

图 1-49

图 1-50

图 1-51

知识点提示

使用前景色填充（Alt+Delete）、背景色填充（Ctrl+Delete）、椭圆选框工具、多边形套索工具和矩形选框工具。

课堂反馈

- 新建文件时，一定要注意设置文件大小的单位，然后设置具体数值。
- 在 Photoshop 中选区非常重要，没有正确、有效的选择区域就无法得到最终所需要的效果。
- 大家一定要通过上机练习，才能更好地理解并掌握不同选取工具之间的区别，自如地运用选取工具对图像中需要编辑的地方进行选择，从而达到对图像局部进行编辑、修改以及合成图像的目的。

课　堂　笔　记

课堂内容	知识掌握情况	需要帮助的地方
矩形选框工具		
椭圆选框工具		
魔棒工具		
套索工具		
多边形套索工具		
磁性套索工具		

你还掌握了哪些知识？

模块二

给你点颜色看看——图像调整

任务一　皇后的毒苹果

任务引入

皇后有一面大镜子，她每天都问镜子：“魔镜啊，魔镜，谁是世界上最漂亮的女人？”魔镜告诉她白雪公主是世界上最漂亮的女人。于是皇后很生气，就让她身边的保镖把白雪公主骗到树林中杀死，可是保镖看到白雪公主如此美丽又善良不忍心下手，就让白雪公主赶紧逃走，不要再回来。几天后皇后又问镜子：“魔镜啊，魔镜，谁是世界上最漂亮的女人？”魔镜还是说白雪公主最漂亮。皇后更加生气，她决定自己去找白雪公主，于是她就找到了小商和校校来做一篮子红色和绿色的毒苹果。

小商和校校商量，如果想办法把没有毒的苹果涂成红色和绿色，这样就可以救下白雪公主了。

大家想一想，如何用 Photoshop 改变苹果的颜色呢？

任务分析

1. 改变苹果的颜色首先想到用哪一个工具呢？
2. 怎样才能得到自己想要的颜色呢？

实现过程

1）选择“文件”→“打开”命令，导入苹果的图片，如图 2-1 所示。

2）选择“图像”→“调整”→“色相/饱和度”命令，如图 2-2 所示。

3）弹出“色相/饱和度”对话框，如图 2-3 所示。按照图 2-4 所示设置各选项的数值就可以将苹果的颜色调成绿色，如图 2-5 所示。

技巧与提示

拖动图 2-3 中各选项下的三角形滑块，可以快速调整并预览颜色。

图 2-1

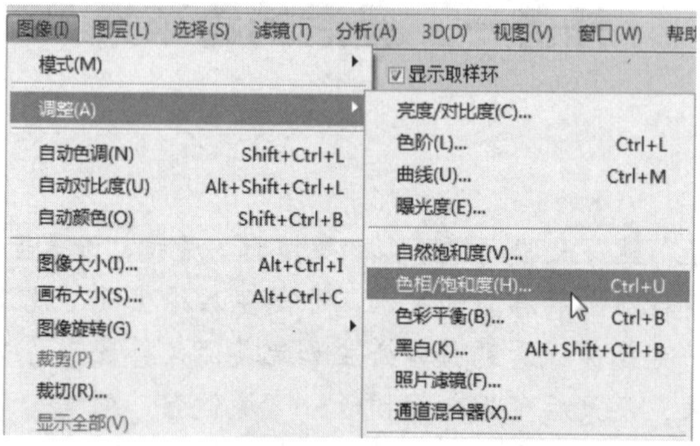

图 2-2

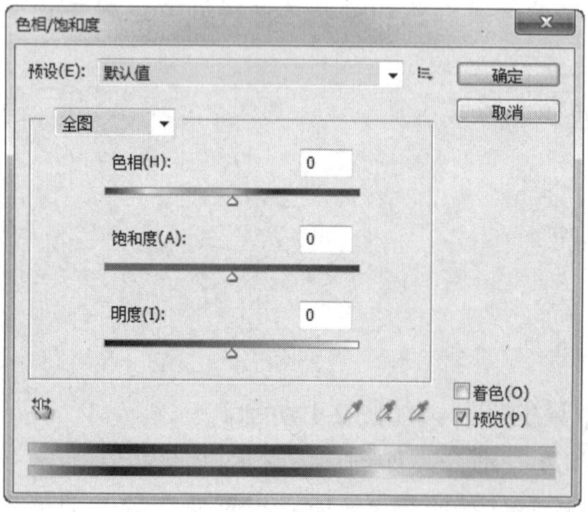

图 2-3

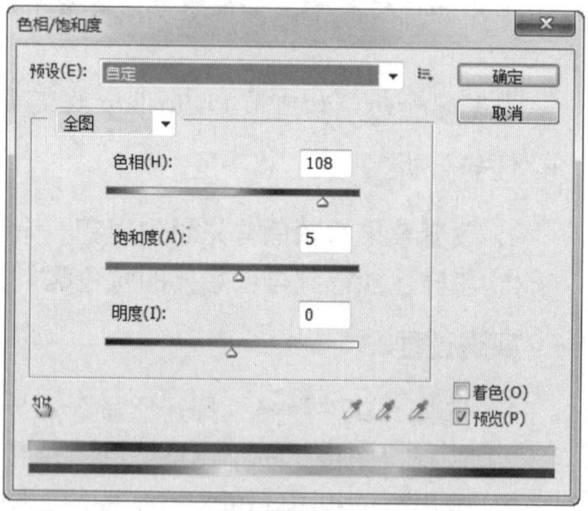

图 2-4

4）同学们动脑筋想一想，还能不能把苹果调成其他颜色呢？（见图 2-6、图 2-7）。

5）如果把一个苹果变成一半绿色一半红色（见图 2-8），该如何操作呢？

6）如果是想将一半苹果变颜色，则只要先建立好选区，接下来的实现过程与之前的操作步骤一样就可以了，如图 2-9 和图 2-10 所示。

图 2-5

图 2-6

图 2-7

图 2-8

图 2-9

图 2-10

答疑解惑

色相、饱和度和明度

色相、饱和度和明度是颜色的三要素。

① 色相是颜色的首要特征，是区别各种不同颜色最明显的标准。其中，红、黄、蓝为三原色；两两搭配出来的橙、绿、紫为间色；三间色再调配，则为复色。

② 饱和度，是指颜色的纯度或鲜艳程度。越鲜艳的颜色通常就被认为越饱和。

③ 明度，是指颜色的明暗程度。不同色相有不同的明度，即使同一种色相，其明度也会不同。

任务二　公主的衣橱

任务引入

白雪公主的衣橱中有数不尽的晚礼服。不过白雪公主在试衣的过程中发现同一款衣服有许多件，仅仅颜色不同，这些颜色白雪公主都非常喜欢，但换起来却很麻烦，白雪公主找到小商和校校帮忙。

下面让我们来看一看小商和校校是怎么帮助白雪公主改变衣服的颜色吧！

任务分析

1. 如何只将白雪公主身上穿的衣服（见图 2-11）调换颜色？

2. “色相/饱和度”对话框中有个“编辑”下拉列表框，它有什么作用呢？是不是可以利用其中的选项来单独调换衣服的颜色呢？

图 2-11

实现过程

1）重复模块二任务一中的步骤 1）和步骤 2）。

2）单击“色相/饱和度”中的“编辑”下拉按钮，然后选择“黄色”选项，如图 2-12 所示。

3）在“色相”数值框中输入-61、“饱和度”和“明度”数值框中输入 0，如图 2-13 所示。

4）完成后的效果如图 2-14 所示。

5）如何将白雪公主的发箍换成其他的颜色（见图 2-15 和图 2-16）呢？（提示：可以用选区工具选择发箍，再调节色相和饱和度就可以将发箍调成想要的颜色。）

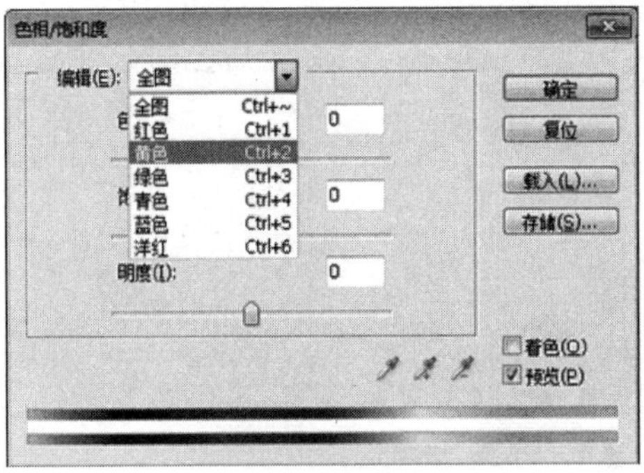

图 2-12

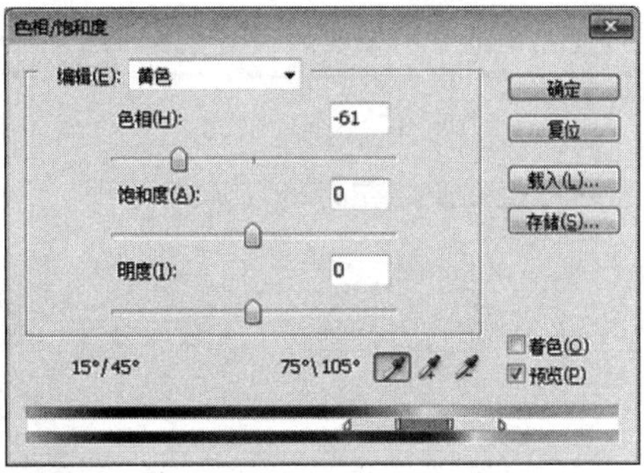

图 2-13

图 2-14

图 2-15

图 2-16

举一反三

一、为米妮填充颜色（见图 2-17）

图 2-17

步骤分析图（见图 2-18 至图 2-21）

图 2-18

图 2-19

图 2-20

图 2-21

技巧与提示

调整色相和饱和度时要选中“着色”复选框。

知识点提示

建立选区后调整局部颜色、色相/饱和度（Ctrl+U）和魔棒工具。

二、将晴天改为阴天（见图 2-22 和图 2-23）

图 2-22

图 2-23

知识点提示

曲线（Ctrl+M）、色相/饱和度（Ctrl+U）和色阶（Ctrl+L）。

三、使图片颜色更鲜艳（见图 2-24）

图 2-24

步骤分析图（见图 2-25）

图 2-25

四、改变衣服的颜色（见图 2-26）

图 2-26

步骤分析图（见图 2-27 和图 2-28）

图 2-27

图 2-28

五、调整图片颜色（见图 2-29）

图 2-29

步骤分析图（见图 2-30 至图 2-34）

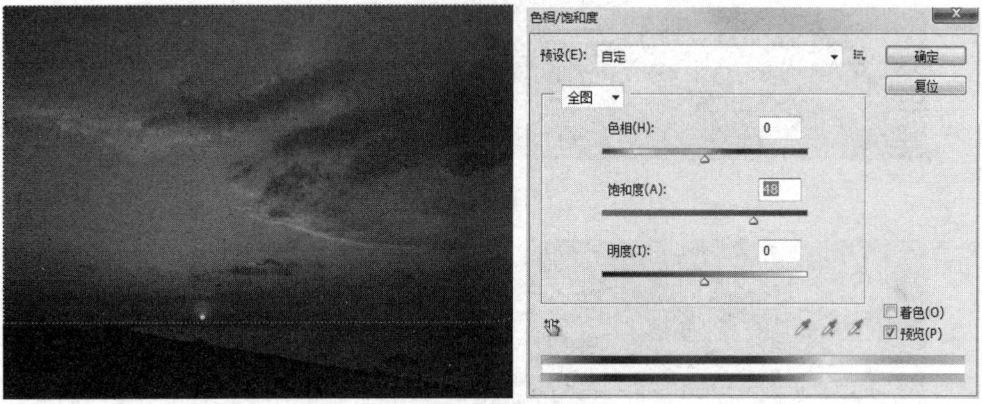

图 2-30

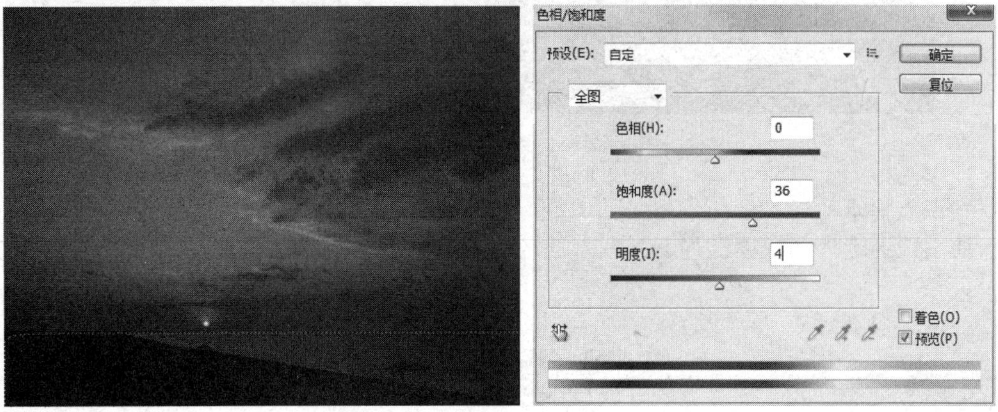

图 2-31

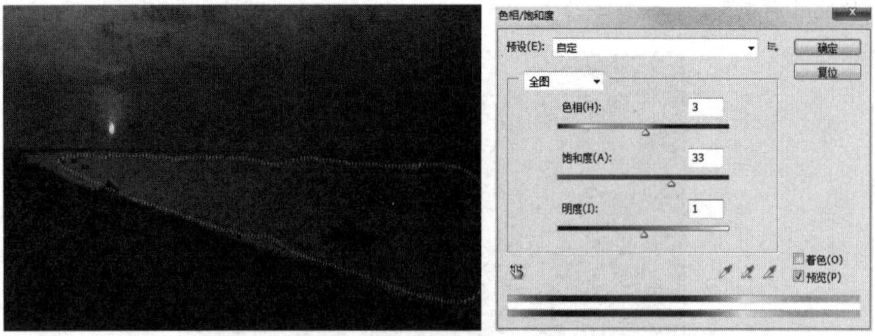

图 2-32

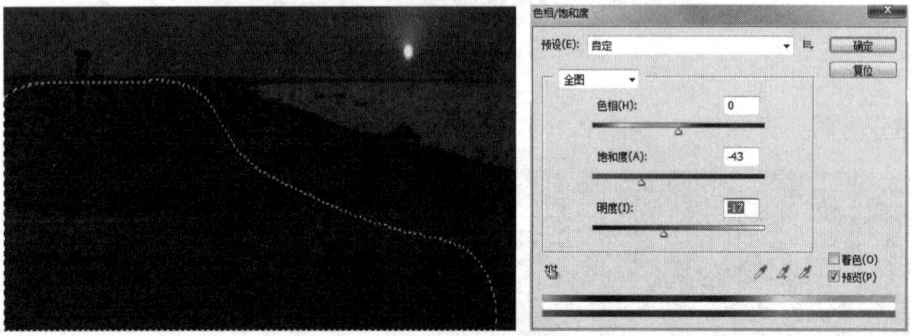

图 2-33

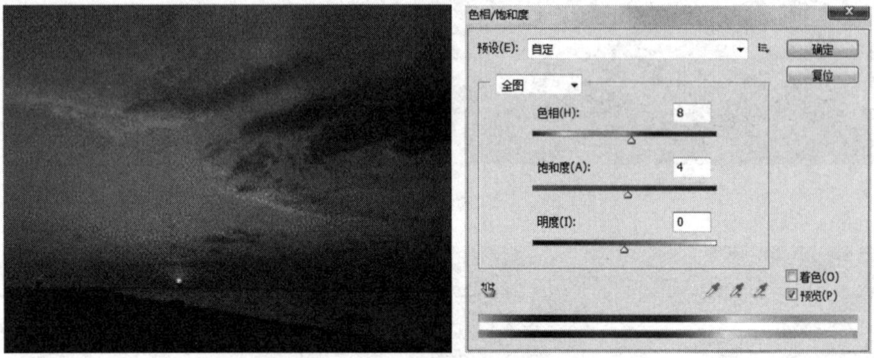

图 2-34

知识点提示

通过快速选择（快捷键为 Q）载入选区，利用“色相/饱和度”对话框（Ctrl+U）进行调节。

课堂反馈

- 曲线、亮度和对比度用来调整画面中的明暗对比度。
- 色相饱和度、色彩平衡用来调整画面中的颜色显示。
- 色阶可以补充画面中暗调和明调的区域。

课 堂 笔 记

课堂内容	知识掌握情况	需要帮助的地方
油漆桶		
色相/饱和度		
色彩平衡		
曲线		
色阶		
渐变工具		
你还掌握了哪些知识？		

模块三

神奇的画布——图层

任务一　复活的恐龙

任务引入

可爱的小猫在古堡中看见了可怕的恐龙，这是怎么回事呢？这张图片是真的吗？

俗话说“眼见为实”，但是你“看到的”也未必就是真的。校校被他眼前的图片吓了一跳，图片里的小猫真的遇到了复活的恐龙吗？原来这都是小商的小把戏。

图 3-1 就是校校发现的图片，而图 3-2 至图 3-4 是小商手里的几张图片，但是他是怎么做出图 3-1 的效果的呢？

图 3-1

图 3-2

图 3-3

图 3-4

任务分析

1. 恐龙是如何从相框里逃出来的呢？
2. 小猫原本明亮的色泽怎么会变得像真的在古堡中一样暗沉呢？

实现过程

1）选择“文件”→“打开”命令或按 Ctrl+O 组合键，导入古堡和恐龙图片。

2）将恐龙图片移动到古堡图片中，并放置到适当位置，如图 3-5 所示。

图 3-5

技巧与提示

想要准确快速地确定恐龙图片的摆放位置，可以先降低恐龙图片所在图层的不透明度，摆放好后再调回。

3）将“图层 1”改名为“恐龙”，并隐藏该图层。使用“多边形套索工具”建立相框内的选区，新建图层（按 Ctrl+Shift+N 组合键），将其命名为“相框”，并填充为白色，如图 3-6 所示。

图 3-6

技巧与提示

使用“磁性套索工具”时，如果想后退一个点，可以按 Delete 键；如果想取消，则按 Esc 键。

4）将“恐龙”图层显示出来，并选中该图层，然后使用“磁性套索工具”建立恐龙头部选区，如图 3-7 所示。按 Ctrl+J 组合键复制这个选区图层，并将其命名为“头部”。

图 3-7

技巧与提示

按 Ctrl+J 组合键复制图层时，一定要注意当前选中的图层是否为需要复制的图层。

5）使用同样的方法为恐龙爪子建立选区，复制该选区图层并命名为“爪子”。

6）将“头部”和“爪子”图层的“羽化”值都设置为 1 像素，使其更好地融入背景，如图 3-8 所示。

图 3-8

技巧与提示

羽化可以使抠出的图片更好地融入背景图片中，这是我们常用的修图方法。

7）按住 Ctrl 键的同时单击“相框”图层的缩略图，建立选区，然后按 Ctrl+Shift+I 组合键进行反选，再选中“恐龙”图层，删除选区中的内容，如图 3-9 所示。

图 3-9

8）打开小猫图片，使用“魔棒工具”选中白色背景，然后反选选中小猫。使用“移动工具”将其移动到古堡图片中，并将图层改名为“小猫”。按 Ctrl+T 组合键对小猫进行自由变换，改变大小比例为 10%，如图 3-10 所示。

图 3-10

9）为了使小猫和整幅图片的色调一致，可以调整明度曲线，选择“图像”→“调整”→“曲线”命令或按 Ctrl+M 组合键，弹出“曲线”对话框，如图 3-11 所示。

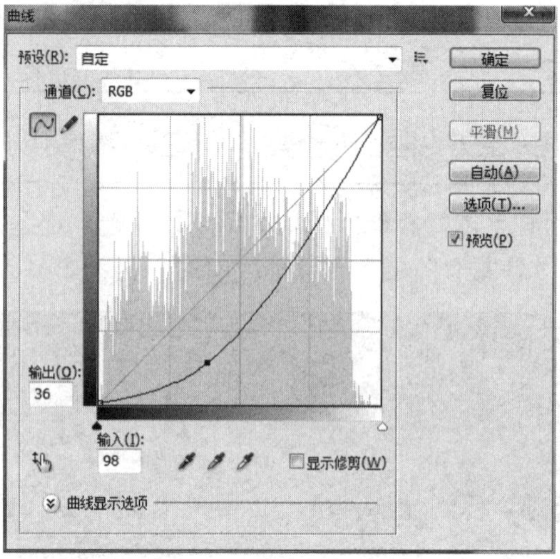

图 3-11

10）调整后的最终结果如图 3-12 所示。

图 3-12

答疑解惑

一、图层的功用

Photoshop 的图层可以比作透明的薄片，可以按照任意顺序堆叠。对图层的操作基本都可以通过“图层”面板来实现。Photoshop 的“图层”面板如图 3-13 所示。

二、图层的基本操作

图层的基本操作包括图层的选择、显示与隐藏，图层的创建、删除、复制与合并，建立图层组，改变图层顺序，改变图层不透明度，锁定图层属性等，大家可上机尝试操作。

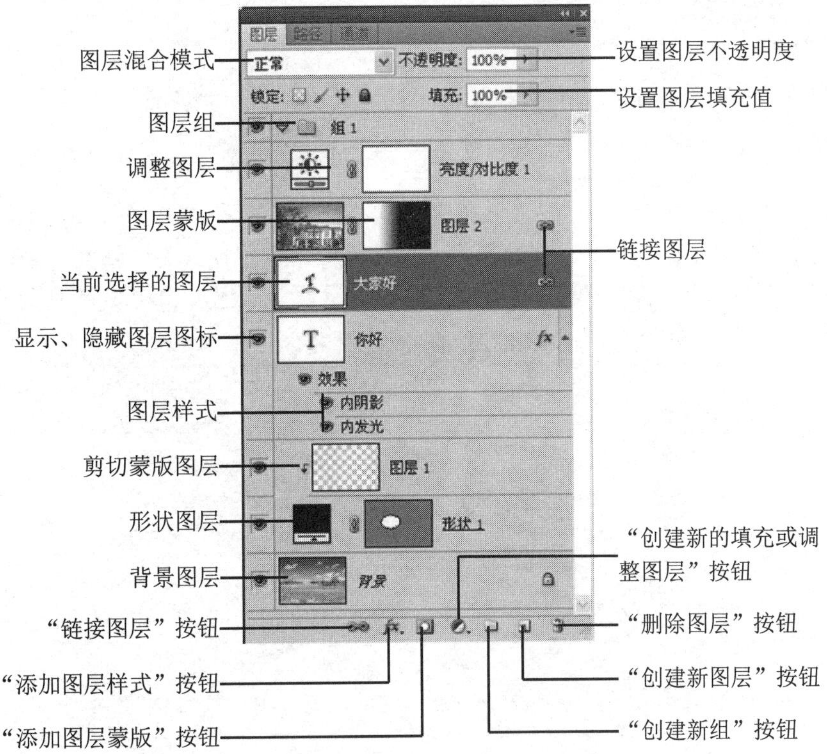

图 3-13

任务二　宝马标志

任务引入

校校对汽车的品牌很感兴趣，每次看到汽车总是先看一下汽车的车标。但是校校却非常羡慕小商，因为小商不但能认出许多汽车的品牌，还能制作出汽车的车标图案。下面我们就一起学习一下如何制作宝马汽车的车标图案吧！宝马汽车的车标图案如图 3-14 所示。

图 3-14

任务分析

宝马汽车车标的立体感是怎么制作出来的呢？

实现过程

1）选择“文件”→“新建”命令，在弹出的“新建”对话框中将其命令为“宝马车标”，并将画布的“宽度”和“高度”都设置为 500 像素，“颜色模式”设置为 RGB 颜色、8 位，“分辨率”设置为 300 像素/英寸，“背景内容”设置为白色，如图 3-15 所示。

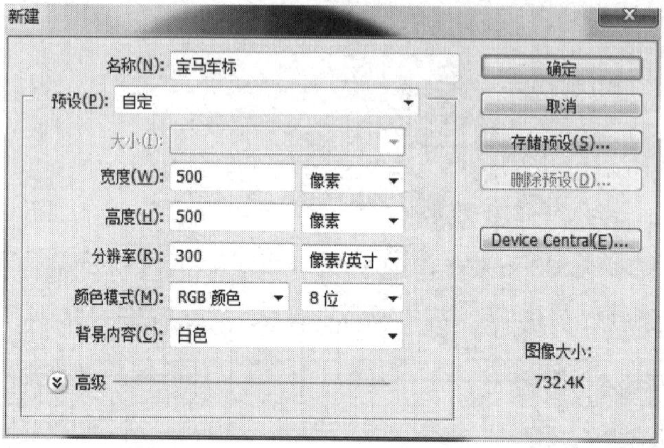

图 3-15

2）按 Ctrl+R 组合键显示标尺。选择“视图”→“新建参考线”命令，在垂直和水平位置各建立一条参考线，如图 3-16 所示。

3）新建一个图层，命名为“黑色圆”。设置前景色为#c9c9c9、背景色为#000000。选择“椭圆选框工具”，以 2 条参考线的交点为圆心绘制一个 400×400 像素的圆形选区。选择“渐变工具”，在工具选项栏中将颜色设置成“前景色到背景色”“径向渐变”，然后从选区左上到右下拖动填充渐变色，如图 3-17 所示。

图 3-16

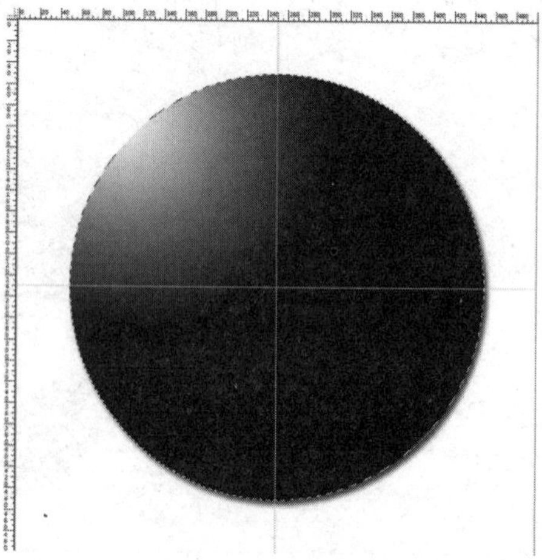

图 3-17

4）选择“图层”面板底部的“添加图层样式”→“投影”命令，对其相关参数进行修改，如图 3-18 所示。

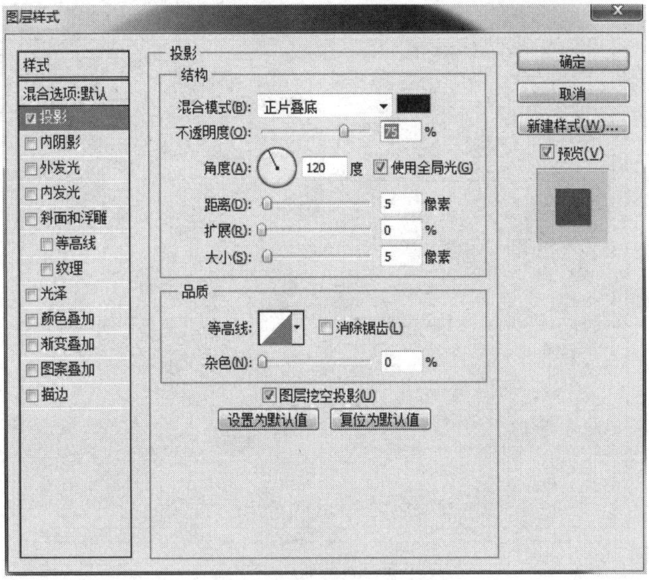

图 3-18

5）新建一个图层，命名为“白色圆”。选择“选择”→“变换选区”命令，在工具选项栏中将水平缩放设置为 65%、垂直缩放设置为 65%。设置前景色为#FFFFFF，并对当前选区填充前景色，结果如图 3-19 所示。

6）再新建一个图层，命名为“蓝色圆”。设置前景色为# 68b9de、背景色为#006699。选择“渐变工具”，在工具选项栏中将颜色设置成“前景色到背景色渐变”“径向渐变”，然后从选区左上到右下拖动填充渐变色，如图 3-20 所示。

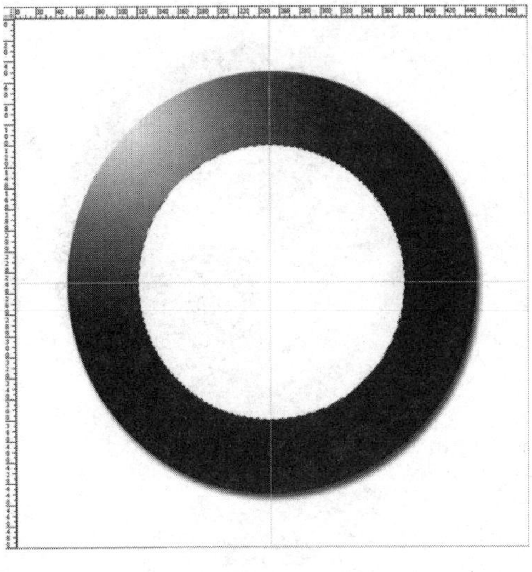

图 3-19

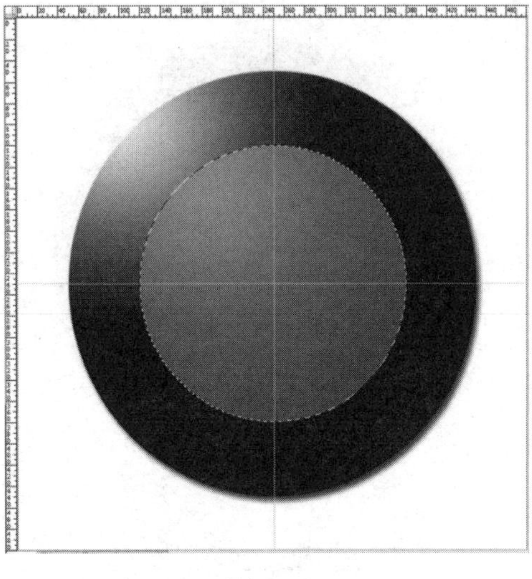

图 3-20

7）选择“图层”面板底部的“添加图层样式”→“斜面和浮雕”命令，对其相关参数进行修改，如图 3-21 所示。

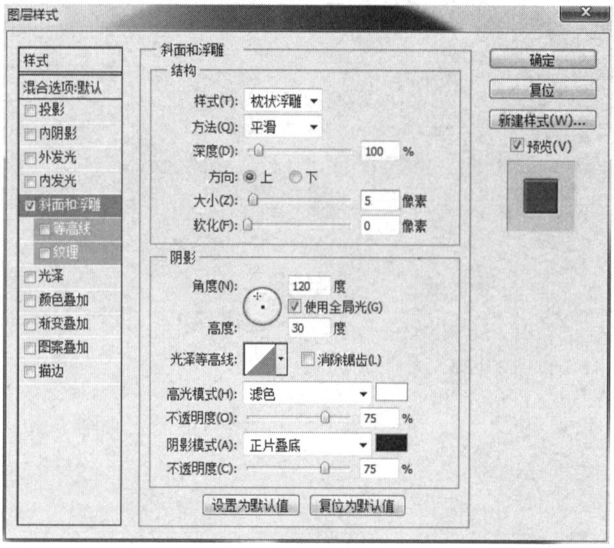

图 3-21

8）选择“矩形选框工具”，以 2 条参考线的交点为选区起点，绘制矩形选区，按 Delete 键删除右上角和左下角的 1/4 的蓝色圆，如图 3-22 所示。

9）右击“蓝色圆”图层，选择“拷贝图层样式”命令，然后右击“白色圆”图层，选择“粘贴图层样式”命令。

10）选中“白色圆”图层，载入“蓝色圆”图层选区，按 Delete 键删除选区内容，如图 3-23 所示。

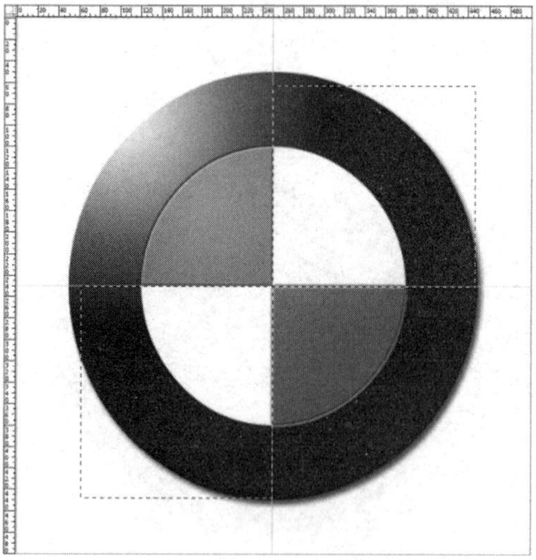

图 3-22

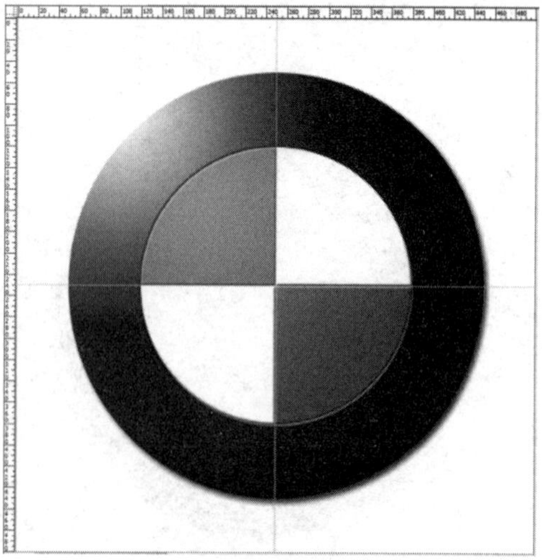

图 3-23

11）打开字母图片，将字母移动到“宝马车标”画布中，摆放到适当位置，并将颜色修改为白色，效果如图 3-24 所示。

图 3-24

答疑解惑

在本任务中，使用了“图层”面板底部的“添加图层样式”下的命令，从而非常轻松地实现了投影、斜面和浮雕等特殊效果。根据需要还可以自定义各效果的参数并综合使用这些效果，从而制作出精美的图片。

一、投影图层样式

选择“图层”→“图层样式”→“投影”命令或单击“图层”面板底部的“添加图层样式”→“投影”命令，均会弹出如图 3-25 所示的“图层样式”对话框。使用投影图层样式可以为图层制作影子的效果，增加立体感。

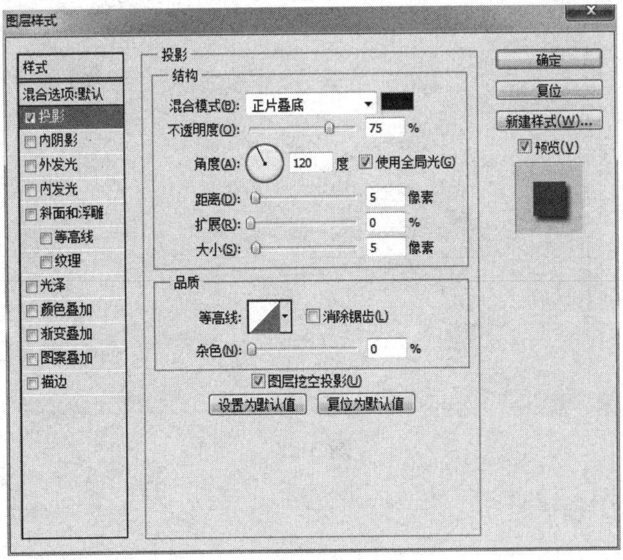

图 3-25

二、内阴影图层样式

使用内阴影图层样式，可以为非背景图层中的图像添加阴影，使图像具有凹陷效果。其参数设置界面如图 3-26 所示。

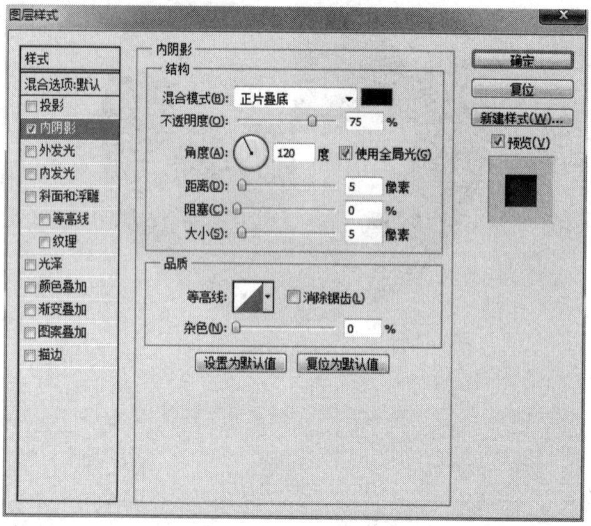

图 3-26

三、外发光图层样式

使用外发光图层样式，可以为图层增加发光效果，此类效果常用于背景较暗的图像，用以制作一种发光的效果。其参数设置界面如图 3-27 所示。

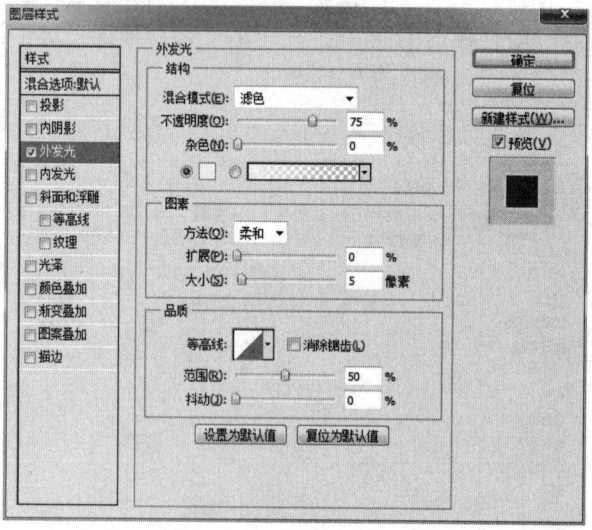

图 3-27

四、内发光图层样式

使用内发光图层样式，可以在图层中增加不透明像素的发光效果。该参数设置界面与外发光参数设置界面相同。

五、斜面和浮雕图层样式

使用斜面和浮雕图层样式，可以将各种高光和暗调添加至图层中，从而创建具有立体感的图像效果，在实际工作中会经常用到该样式。其参数设置界面如图 3-28 所示。

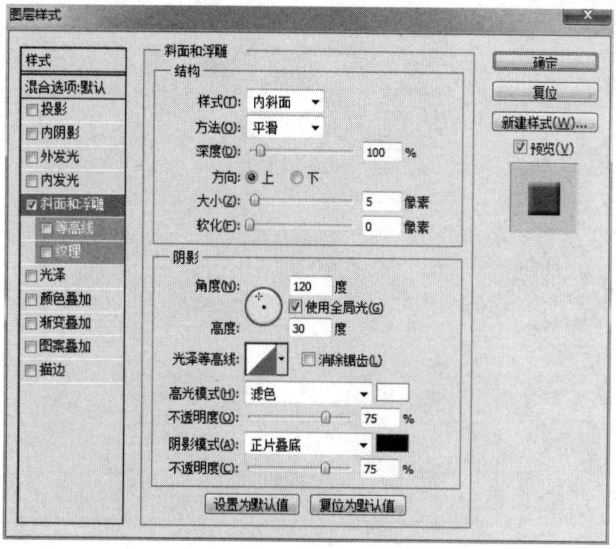

图 3-28

六、光泽图层样式

使用光泽图层样式，可以在图层内部根据图层的形状应用阴影，通常用于创建光滑的磨光及金属效果。其参数设置界面如图 3-29 所示。

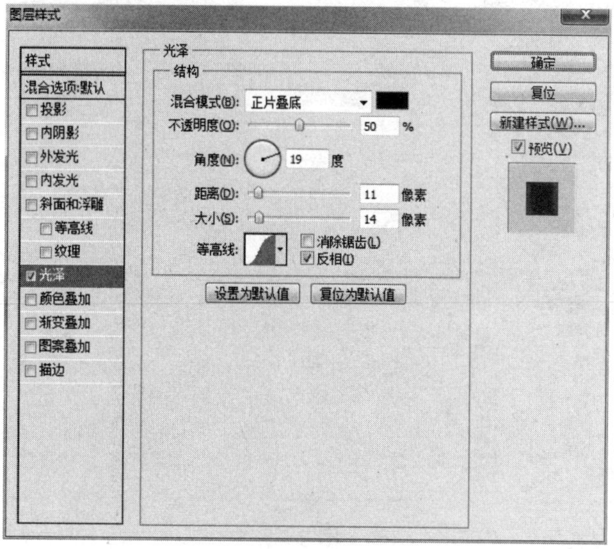

图 3-29

七、颜色叠加图层样式

使用颜色叠加图层样式，可以为当前图层中的图像设置要叠加的颜色，该图层样式的参数很少，主要是选择合适的叠加颜色。其参数设置界面如图 3-30 所示。

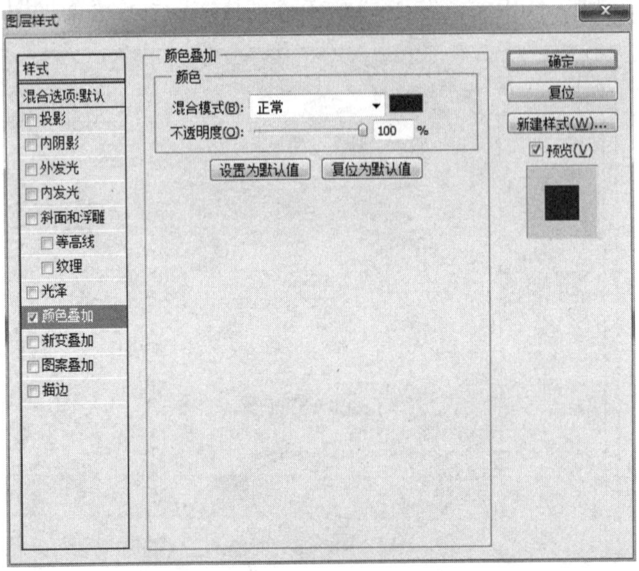

图 3-30

八、渐变叠加图层样式

使用渐变叠加图层样式，可以为图层添加渐变效果。其参数设置界面如图 3-31 所示。

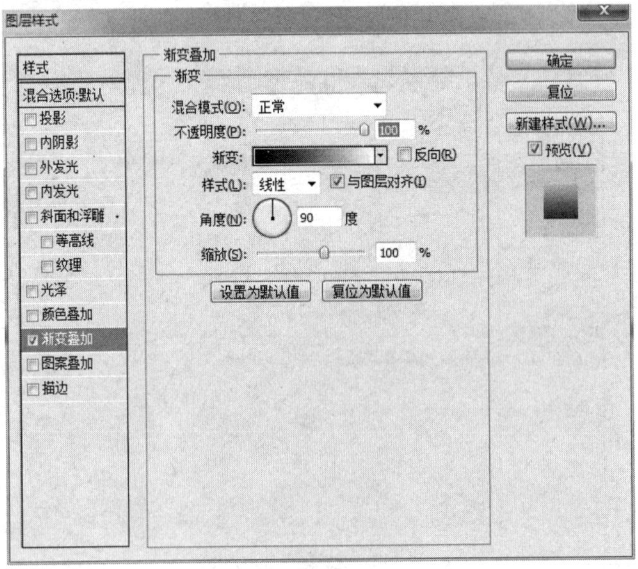

图 3-31

九、图案叠加图层样式

使用图案叠加图层样式，可以在图层上叠加图案。其参数设置界面与颜色叠加图层样式的参数设置界面相似，如图 3-32 所示。

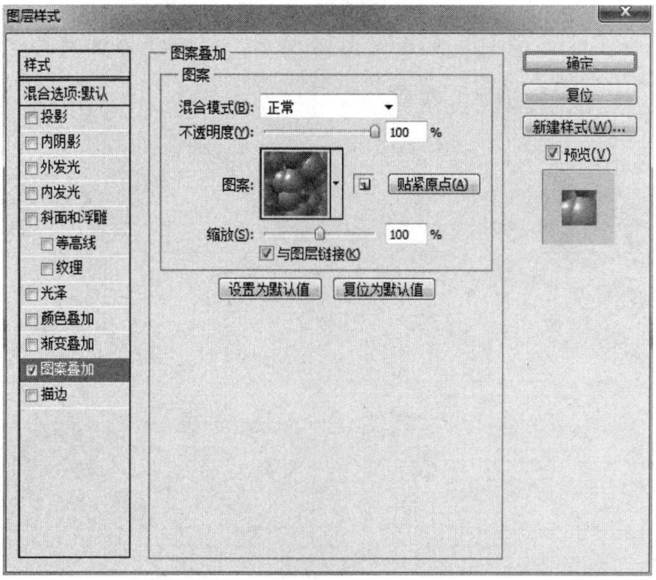

图 3-32

十、描边图层样式

使用描边图层样式，可以用颜色、渐变和图案 3 种方式为当前图层中不透明像素描画轮廓，对于有硬边的图层（如文字类）效果非常显著。其参数设置界面如图 3-33 所示。

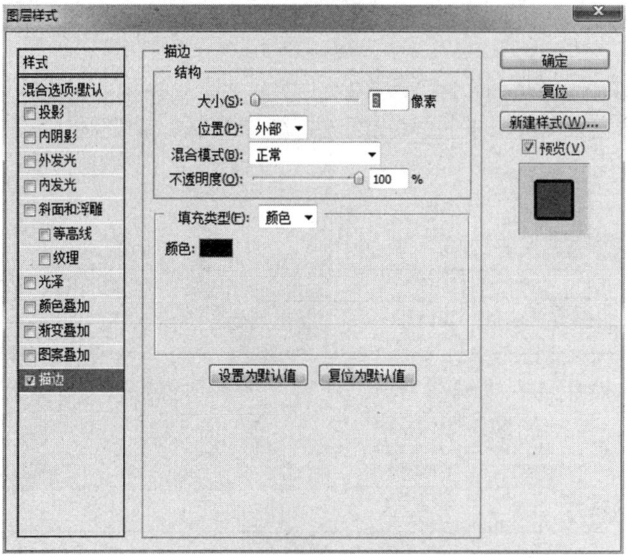

图 3-33

任务三 皮卡丘的倒影

任务引入

小商找到了一张皮卡丘的图片，如图 3-34 所示，校校想为这只皮卡丘制作一个倒影，效果如图 3-35 所示。下面来学习一下如何制作。

图 3-34

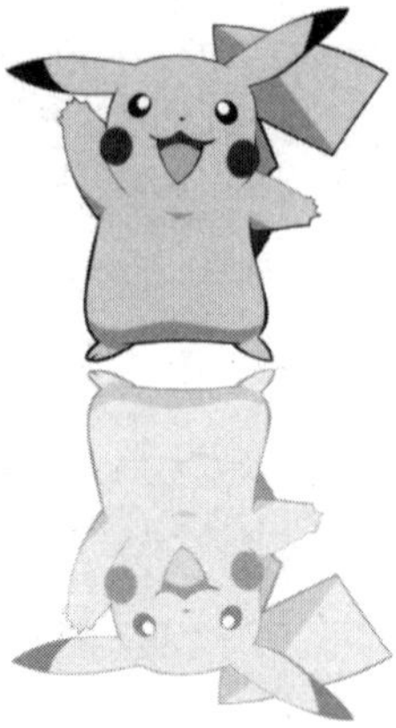

图 3-35

任务分析

1. 图 3-35 比图 3-34 多了哪些内容？
2. 多出的内容和原来的图片有什么联系？

实现过程

1）按 Ctrl+O 组合键打开皮卡丘图片。

2）选择“魔棒工具”单击白色背景部分，建立选区。并使用“反向选择”命令，选中皮卡丘，如图 3-36 所示。

技巧与提示

反向选择的组合键是 Ctrl+Shift+I。

3）复制图层，然后选择“编辑”→“变换”→“垂直翻转”命令，将新建的图层垂直翻转并移动到适当位置，如图 3-37 所示。

技巧与提示

复制图层的组合键是 Ctrl+J。当原图层没有选区时，复制整个图层；当有选区时，只复制选区中的部分。

图 3-36

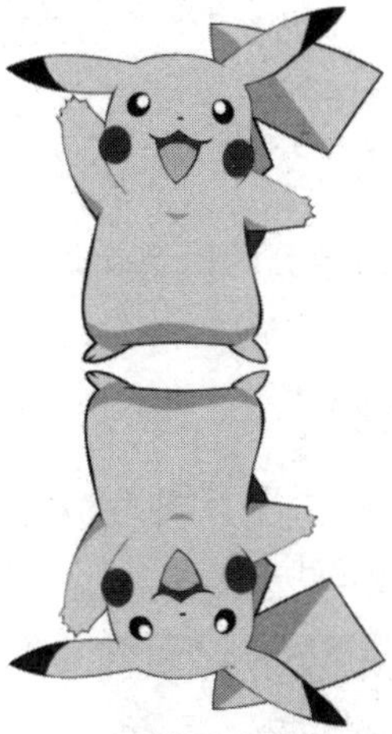

图 3-37

4）在“图层”面板中调整图层的不透明度为 35%，完成效果如图 3-38 所示。

图 3-38

技巧与提示

想将多个图层中的图片摆放整齐时，往往会运用到图层的对齐和分布功能。选择“移动工具”，然后选择 2 个或 2 个以上图层，按照要求单击工具选项栏中的“对齐与分布”按钮，对图层位置进行操作，如图 3-39 所示。

图 3-39

任务四　奇妙的图片

任务引入

校校利用学到的图层知识对一些图片进行处理，结果却出现了奇妙的效果，连校校自己都很惊讶。

任务分析

1. 图 3-42 并不是图 3-40 和图 3-41 简单的合成，其中的花瓣产生了溶解效果，这种效果是如何实现的呢？

图 3-40

图 3-41

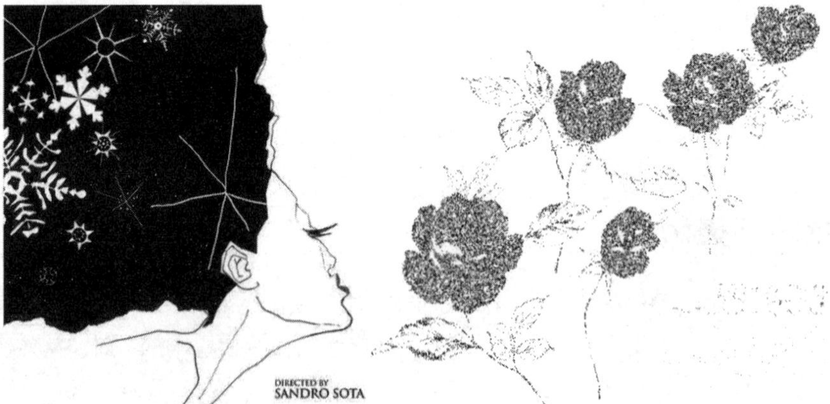

图 3-42

2. 如何用图 3-43 和图 3-44 这 2 张图片实现如图 3-45 所示的文字飘浮在碎花上的效果？

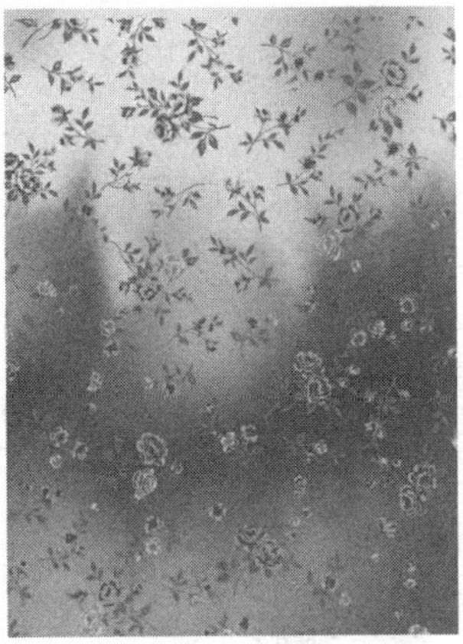

图 3-43

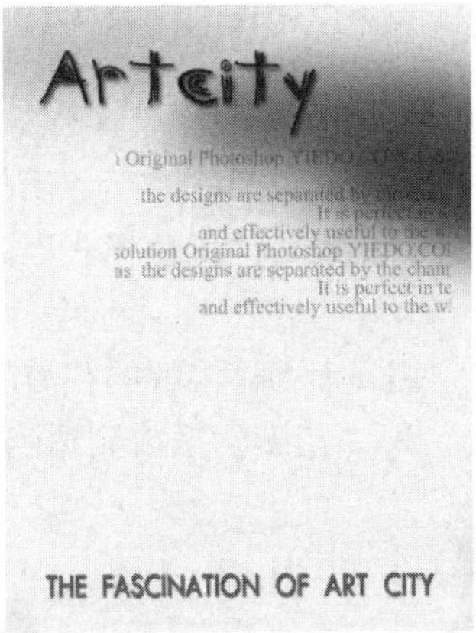

图 3-44

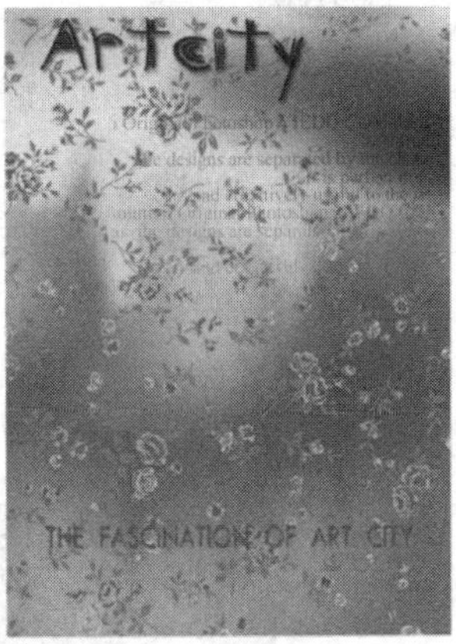

图 3-45

3. 怎样才能使图 3-46、图 3-47 和图 3-48 合成出如图 3-49 所示的意境?

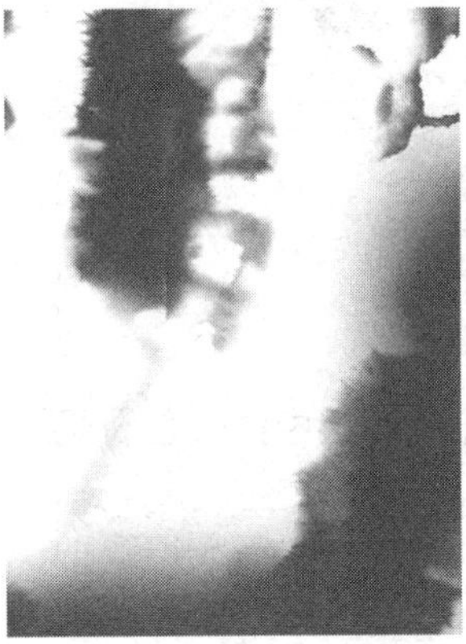

图 3-46

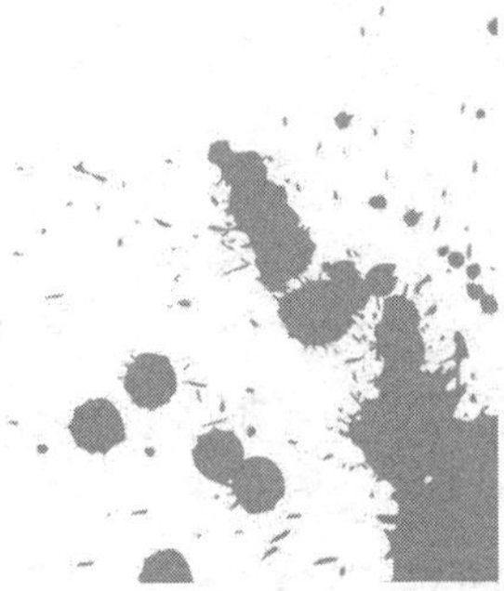

图 3-47

图 3-48

图 3-49

实现过程

一、被魔法溶解的花瓣

1）选择“文件”→“新建”命令，将文件命名为“溶解的花瓣”。设置画布的“宽度”和“高度”分别为 1000 像素和 500 像素，“颜色模式”为 RGB，“分辨率”为 72 像素/英寸，白色背景。

2）打开魔女和花瓣图片。将它们复制到“溶解的花瓣”画布上。将图层名分别改为“魔女”和“花瓣”。然后将“魔女”和“花瓣”摆放到适当位置，如图 3-50 所示。

图 3-50

3）选择“花瓣”图层，使用“魔棒工具”选中并删除图层中的白色背景。在“图层”面板中调整图层的“不透明度”为 40%，效果如图 3-51 所示。

技巧与提示

在使用魔棒工具时，可以将“容差”设置为 40，并取消勾选“连续”复选框。

图 3-51

4）在“图层”面板中设置“花瓣”图层的混合模式为“溶解”，最终完成的效果如图 3-52 所示。

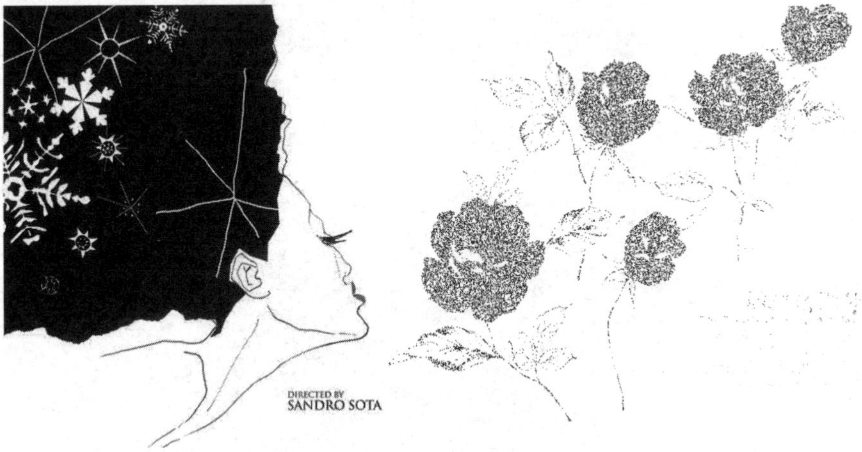

图 3-52

二、碎花上的文字

1）打开文字和碎花图片。将文字图片复制到碎花图片所在的画布中，并将图层名改为“文字”，如图 3-53 所示。

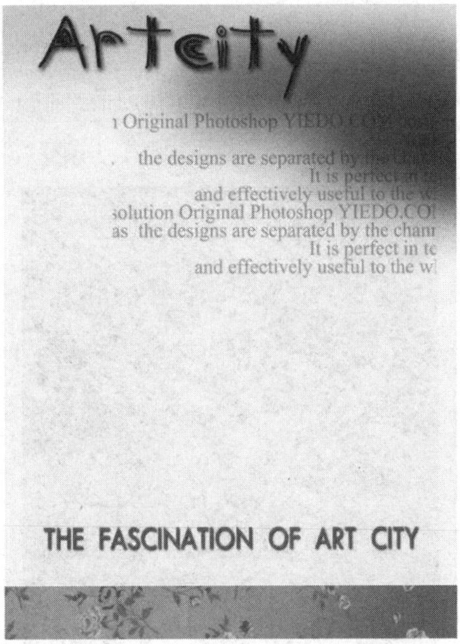

图 3-53

2）在“图层”面板中设置“文字”图层的混合模式为“变暗”，最终完成的效果如图 3-54 所示。

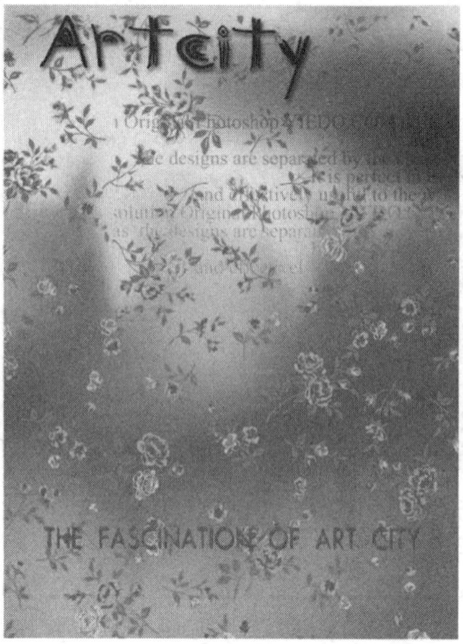

图 3-54

三、花落飘零

1）选择“文件”→“新建”命令，将文件命名为“花落飘零”。设置画布的“宽度”和“高度”分别为 450 像素和 600 像素，“颜色模式”为 RGB，“分辨率”为 72 像素/英寸，白色背景。

2）为背景填充颜色# 6e14ca。

3）打开底纹 1、底纹 2 和底纹 3 图片。将它们分别复制到“花落飘零”画布中，并将这 3 张图片所在图层的混合模式均设置为“正片叠底”，最终完成的效果如图 3-55 所示。

图 3-55

答疑解惑

图层模式

图层混合模式决定当前图层中的像素与其下面图层中的像素以何种模式进行混合，简称图层模式。图层混合模式是 Photoshop 中重要的功能之一，也是在图像处理中最为常用的一种技术手段，应用非常广泛，在“画笔工具”“铅笔工具”“渐变工具”“仿制图章工具”等工具中均有使用，但其意义基本相同。因此只要掌握了图层的混合模式，则不难掌握其他操作中出现的混合模式选项。

图层的混合模式主要用于控制上、下图层中图像的混合效果，在设置混合模式时通常还需要调节图层的不透明度，以使其效果更加理想。

单击“图层”面板中“正常”右侧的下拉按钮，将弹出一个有 27 种混合模式的下拉列表，如图 3-56 所示，选择不同的混合模式会得到不同的效果。

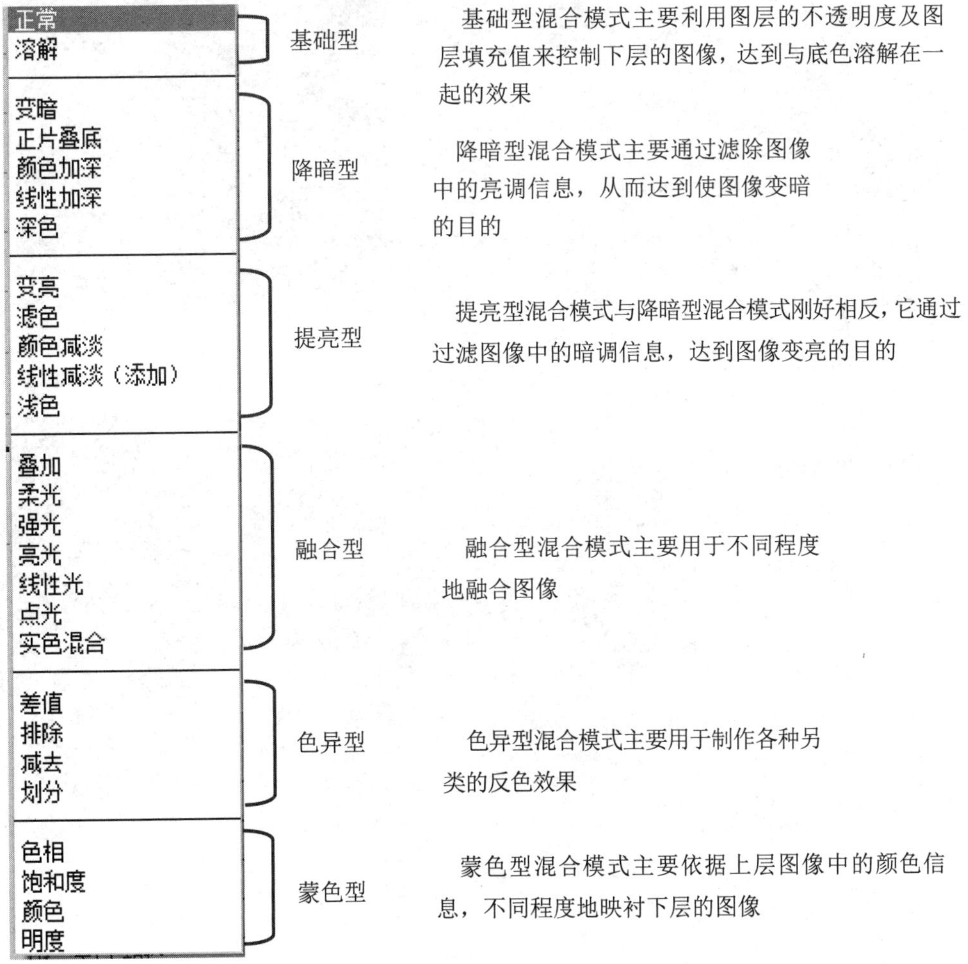
正常
溶解
基础型
基础型混合模式主要利用图层的不透明度及图层填充值来控制下层的图像，达到与底色溶解在一起的效果
变暗
正片叠底
颜色加深
线性加深
深色
降暗型
降暗型混合模式主要通过滤除图像中的亮调信息，从而达到使图像变暗的目的
变亮
滤色
颜色减淡
线性减淡（添加）
浅色
提亮型
提亮型混合模式与降暗型混合模式刚好相反，它通过过滤图像中的暗调信息，达到图像变亮的目的
叠加
柔光
强光
亮光
线性光
点光
实色混合
融合型
融合型混合模式主要用于不同程度地融合图像
差值
排除
减去
划分
色异型
色异型混合模式主要用于制作各种另类的反色效果
色相
饱和度
颜色
明度
蒙色型
蒙色型混合模式主要依据上层图像中的颜色信息，不同程度地映衬下层的图像

图 3-56

任务五　三叶草的爱情

任务引入

校校很奇怪，图 3-57 与图 3-58 只是自己相机里 2 张非常普通的照片，图 3-59 也是网上最普通的图片，小商是怎么做出图 3-60 所示那样漂亮的效果的呢？图片相互融合得那么自然。

图 3-57

图 3-58

三叶草的爱情
三叶草会不会有爱情?
它们有三棵心,是否也能分成三份爱?
漂泊的时候,根在思念谁?
是不是可以用它缠绕着另一草?
天荒地老?
可是,宝贝,我的心只一个,我没有根,
我拿什么来缠住你?
此岸
彼岸

图 3-59

三叶草的爱情
三叶草的爱情

图 3-60

任务分析

1. 图 3-57 与图 3-58 是如何合成在一起的?
2. 图 3-60 中的每个部分都是清晰的吗？

实现过程

1）选择菜单“文件”→“新建”命令，将文件命名为“三叶草的爱情”，设置画布的“宽度”和“高度”分别为600像素和450像素，“颜色模式”为RGB，“分辨率”为72像素/英寸，白色背景。

2）打开小狗1图片，将其复制到“三叶草的爱情”画布中，并将图层改名为“头像”，放到适当位置，如图3-61所示。

图 3-61

3）将“头像”图层的不透明度调整为40%。

4）打开小狗2图片，将其复制到“三叶草的爱情”画布中，并将图层改名为“全身”，放到适当位置，如图3-62所示。

图 3-62

5）为“全身”图层添加图层蒙版。设置前景色为黑色，背景色为白色。选择“渐变工具”，在工具选项栏中设置“前景色到背景色渐变”“线性渐变”。然后从画布中间向右侧拖动填充渐变色，如图 3-63 所示。

图 3-63

6）打开三叶草图片，将其复制到“三叶草的爱情”画布中，并将图层改名为“三叶草”。复制该图层，然后将这 2 个图层放到适当位置，如图 3-64 所示。

三叶草的爱情
三叶草会不会有爱情?
它们有三棵心,是否也能分成三份爱?
漂泊的时候,根在思念谁?
是不是可以用它缠绕着另一草?
天荒地老?
可是,宝贝,我的心只一个,我没有根.
我拿什么来缠住你?

图 3-64

7）调整“三叶草”图层的不透明度为 30%，并为其添加图层蒙版。选择“画笔工具”，在工具选项栏中设置画笔“大小”为 50px、“硬度”为 0%，如图 3-65 所示。使用“画笔工具”涂抹刚创建的图层蒙版，效果如图 3-66 所示。

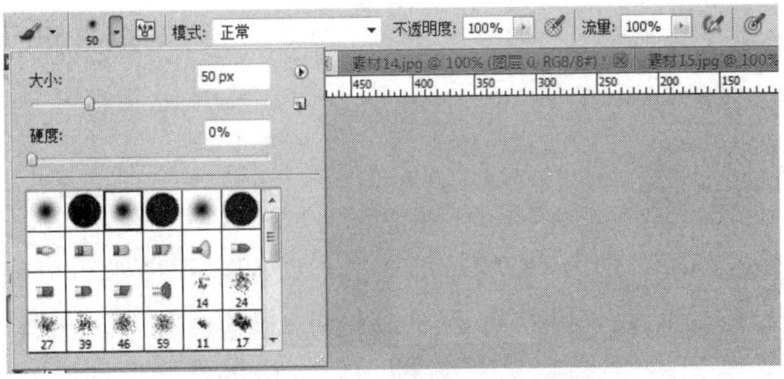

图 3-65

图 3-66

8）调整“三叶草 副本”图层的不透明度为 70%，并为其添加图层蒙版。再次使用“画笔工具”涂抹图层蒙版，效果如图 3-67 所示。

图 3-67

答疑解惑

图层蒙版

图层蒙版是 Photoshop 图层操作的重要工具，使用图层蒙版可以创建出多种梦幻般的效果。图层蒙版的原理是使用一张具有 256 级色阶的灰度图（即蒙版）来屏蔽图像，灰度图中的黑色区域将隐藏为透明区域，而图中的白色区域为不透明区域，由于灰度图具有 256 级灰度，因此能够创建细腻、逼真的混合效果。

在操作方面，由于蒙版的实质是一张灰度图，因此可以采用任何制图或编辑方法调整蒙版，从而得到需要的效果。而且由于所有显示、隐藏图层的效果操作均是在蒙版中进行，因此能够保护图像的像素不被编辑，从而使工作具有很大的灵活性。

“蒙版”面板提供了用于图层蒙版及矢量蒙版的多种控制选项，使操作者可以轻松更改蒙版的不透明度、边缘柔化程度，也可以方便地增加或删除蒙版、反相蒙版和调整蒙版边缘。选择“窗口”→“蒙版”命令，将会显示如图 3-68 所示的“蒙版”面板。

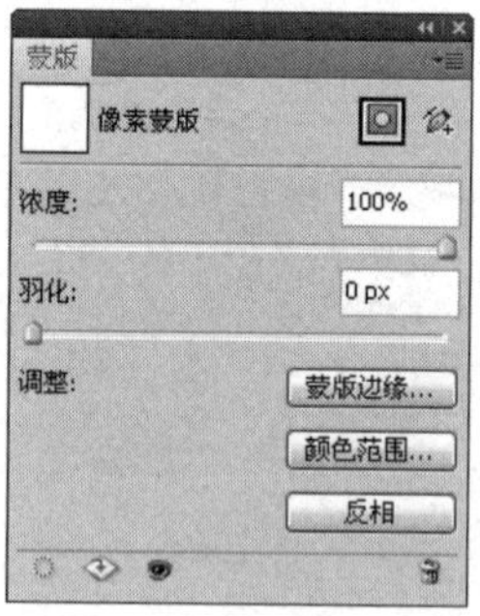

图 3-68

举一反三

一、制作跨越空间的蜘蛛侠（见图 3-69）

图 3-69

步骤分析图（见图 3-70 至图 3-75）

图 3-70

图 3-71

图 3-72

图 3-73

图 3-74

图 3-75

知识点提示

使用 Ctrl+J 组合键复制有选区的图层，为图层添加“描边”样式，注意图层顺序的设置。

二、制作奇妙的按钮（见图 3-76）

图 3-76

步骤分析图（见图 3-77 至图 3-82）

图 3-77

图 3-78

图 3-79

图 3-80

图 3-81

图 3-82

知识点提示

1. 本例主要用到了如下几种图层样式，如图 3-83 至图 3-87 所示。

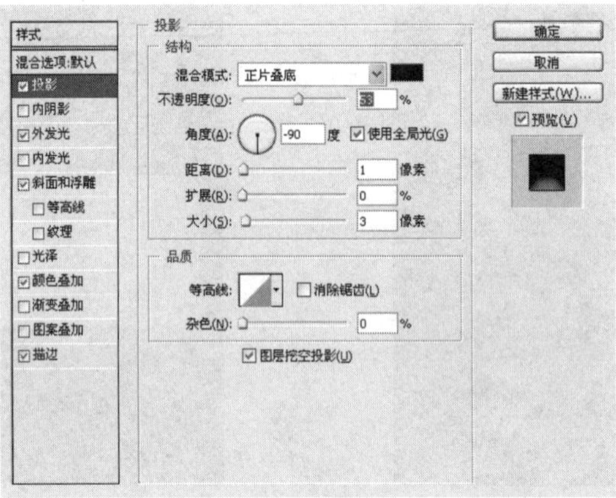

图 3-83

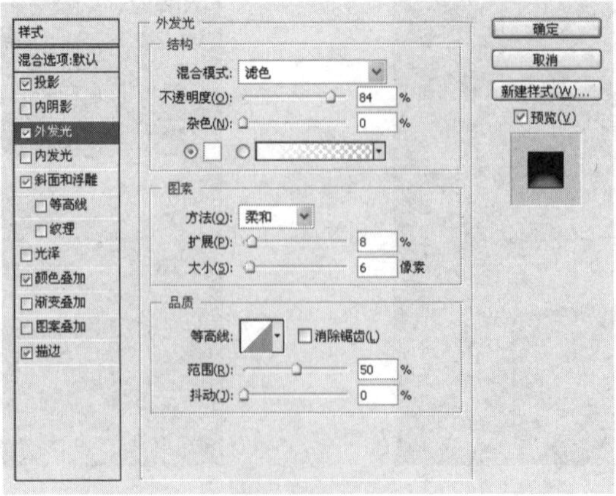

图 3-84

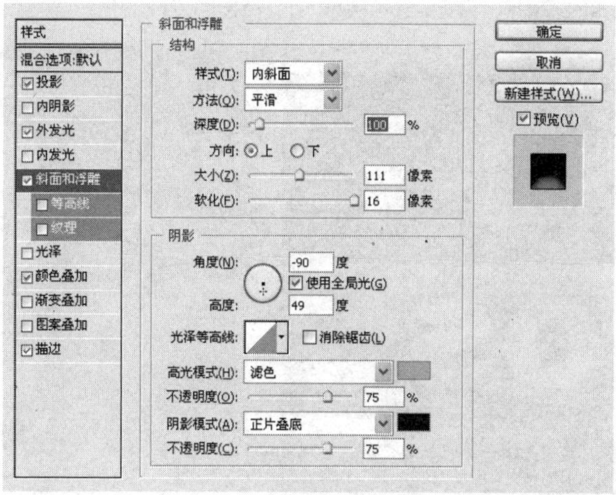

图 3-85

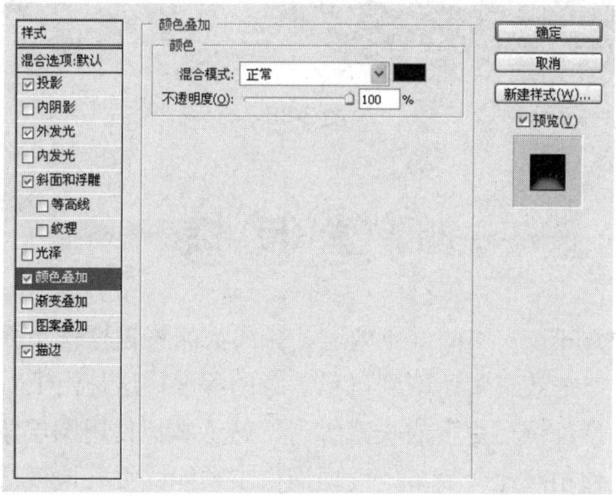

图 3-86

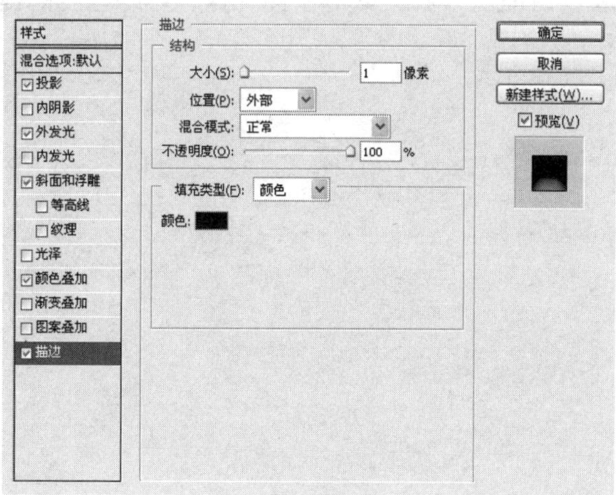

图 3-87

2. 本例中用到的图层蒙版和渐变样式如图 3-88 所示。

图 3-88

课堂反馈

- 图层蒙版是 Photoshop 中的难点内容，如果大家根据操作步骤和自己的理解能够基本完成练习，但是效果却达不到自己满意的程度，这是由于对知识点的理解不到位造成的，应该通过课后更多的实践练习，熟练掌握使用图层蒙版的方法。
- 图层样式的操作相对比较简单，根据操作步骤能够很好地模仿制作出效果图。但是可能会不能根据实际需要自行搭配图层样式以达到自己想象中的效果，不过相信随着对 Photoshop 学习的深入和大家对于图片操作熟练程度的提高，这样的问题迟早会迎刃而解。

课　堂　笔　记

课堂内容	知识掌握情况	需要帮助的地方
图层的基本操作		
图层样式		
图层混合模式		
图层蒙版		
你还掌握了哪些知识？		

模块四

马良的神笔——画笔工具

任务一　飘雪的天空

任务引入

冬天到了，北方的天空飘起了雪花，小商和校校走在郊外的路上，抬头看着天空。校校说：“如果能让下雪的画面静止，该多好啊！让这美丽的一刻停下来。”小商说：“这好办，你等着吧！我能找到让雪花静止的方法。”

任务分析

图 4-1

1. 图 4-1 所示天空中的雪花有什么特点呢？
2. 雪花的大小、间距、边缘是完全一致的吗？

实现过程

1）打开风景图片，选择“画笔工具”，工具选项栏的设置如图 4-2 所示。

图 4-2

2）单击“画笔”面板中的“画笔预设”按钮，对“画笔”面板中的参数进行设置，设置多种画笔样式，如图 4-3 至图 4-5 所示。

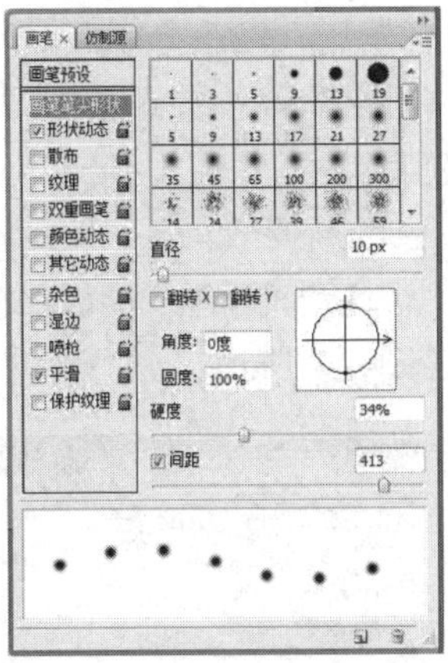

图 4-3

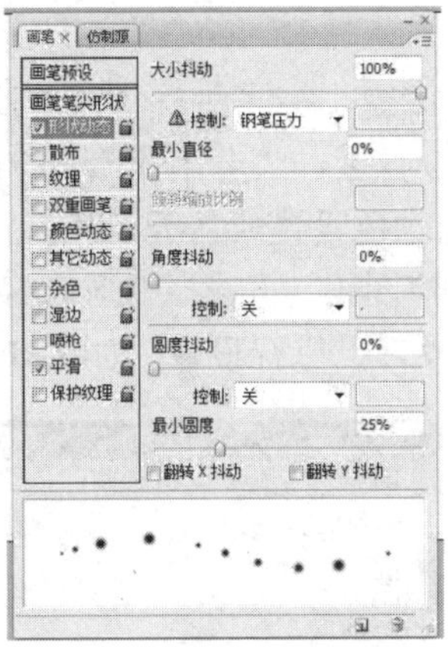

图 4-4

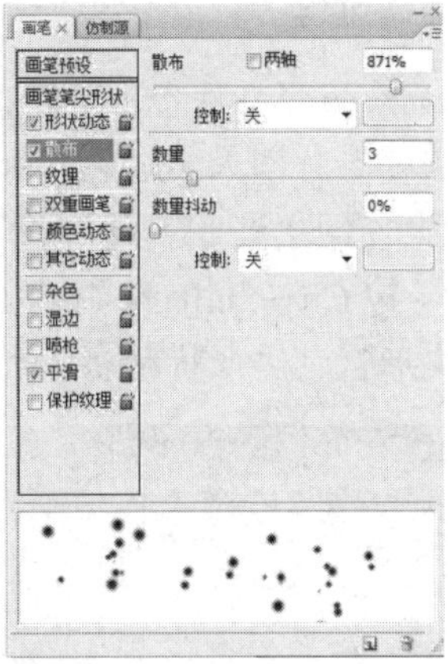

图 4-5

3）新建一个图层，使用“画笔工具”绘制雪花。

4）为了达到逼真的雪花效果，需要多次绘制雪花，最终效果如图 4-1 所示。

提示

每绘制一次雪花，需要新建一个图层，同时调整图层的不透明度。

任务二 白云朵朵

任务引入

周末，小商和校校去郊游，他们躺在草地上看着天空。蓝蓝的天上，飘着朵朵白云，有的像奔跑的骏马，有的像游泳的鱼。校校说：“我想用云朵在天上拼出一个大大的笑脸。”小商说：“这个很简单，我一会儿就能实现你的愿望！”

任务分析

1. 图 4-6 所示天空的颜色是单一的蓝色吗？
2. 如何完成云朵组成的笑脸效果？

图 4-6

实现过程

1）选择“文件”→“新建”命令，将文件命名为“云彩+姓名”，设置画布的“宽度”和“高度”分别为 800 像素和 600 像素，“分辨率”为 72 像素/英寸。

2）使用“渐变工具”将天空颜色设置成从天蓝色到浅蓝色的渐变效果。

3）按 Ctrl+Shift+N 组合键新建图层，再选择“画笔工具”，打开“画笔”面板，对“画笔笔尖形状”“形状动态”和“纹理”进行设置，如图 4-7 至图 4-9 所示。

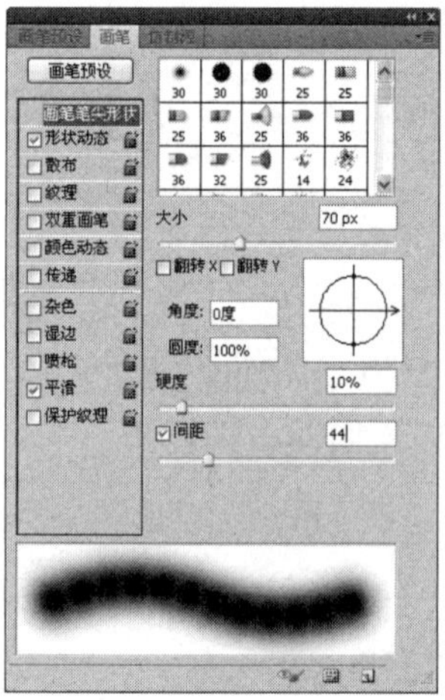

图 4-7

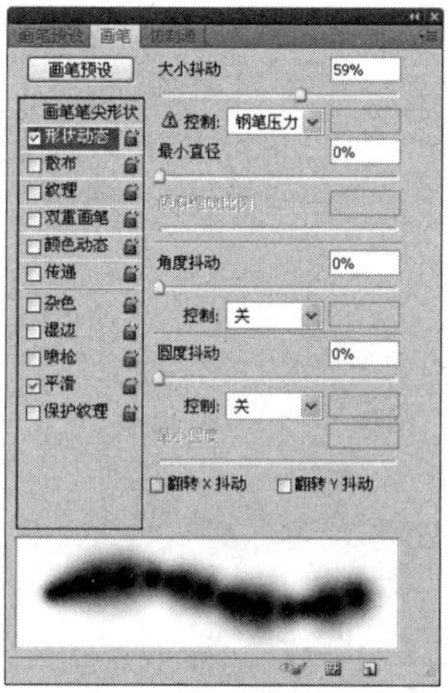

图 4-8

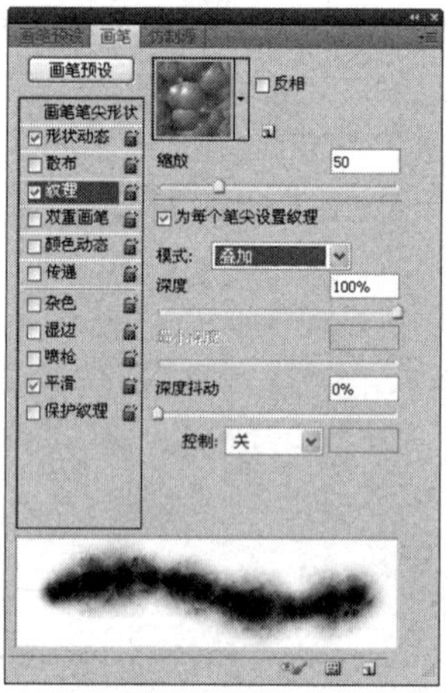

图 4-9

4）将前景色设置为白色，使用“画笔工具”在画布上绘制一个笑脸形状的白云，效果如图 4-10 所示。

图 4-10

答疑解惑

Photoshop 除了用来处理图片外，还具有非常丰富的绘制与修饰功能。

一、画笔工具

选择“画笔工具”后，可在工具选项栏中设置画笔工具的参数，如图 4-11 所示。设置不同的“不透明度”数值可以绘制出不同的效果，如图 4-12 所示。

图 4-11

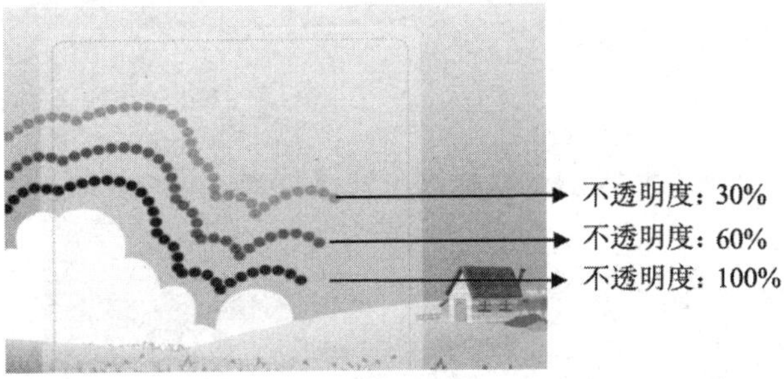

图 4-12

二、铅笔工具

自动抹除是铅笔工具的特殊功能，如果在前景色上拖动，则在该区域抹掉前景色。

三、“画笔”面板

“画笔”面板如图 4-13 所示，常用参数说明如下。

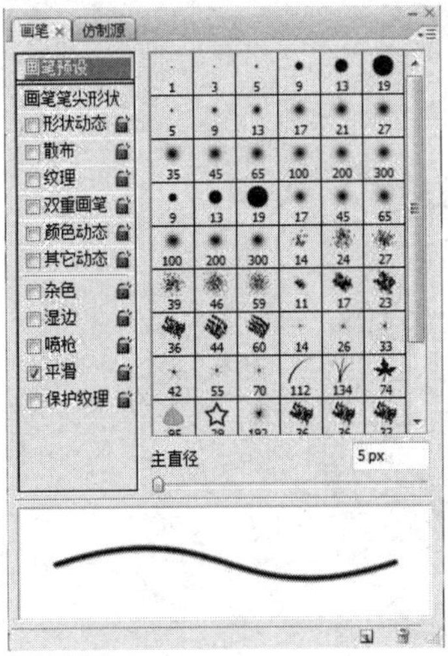

图 4-13

① 直径：用于控制画笔的大小。直接在“直径”数值框中输入数值即可，数值越大，画笔的直径越大（见图 4-14 和图 4-15）。

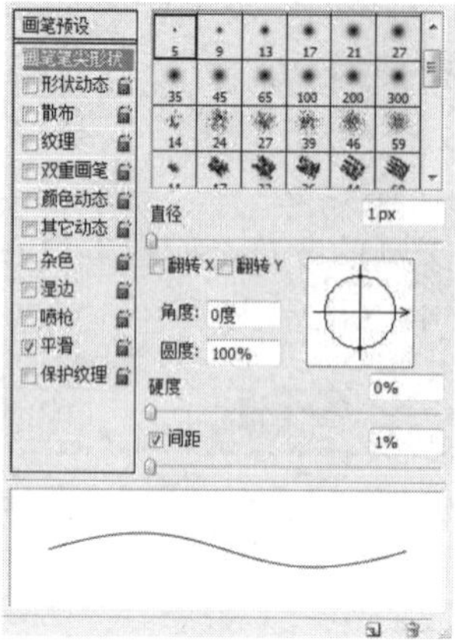

图 4-14

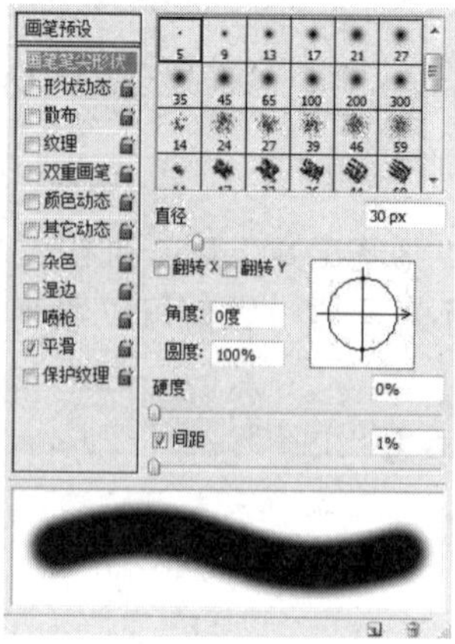

图 4-15

② 硬度：用于控制画笔边缘的柔软程度。数值越大，边缘越硬；数值越小，边缘越柔和（见图 4-16 和图 4-17）。

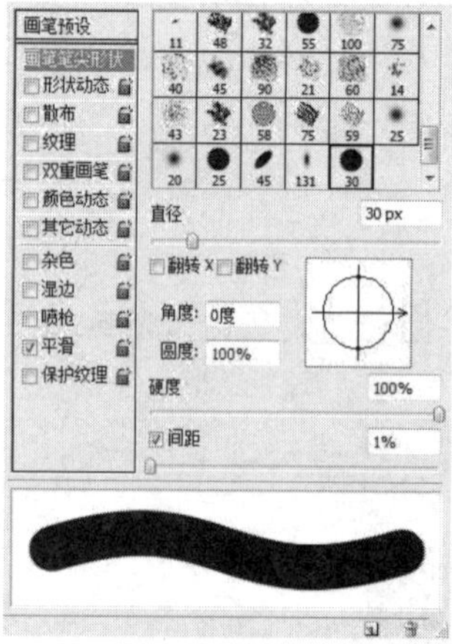

图 4-16

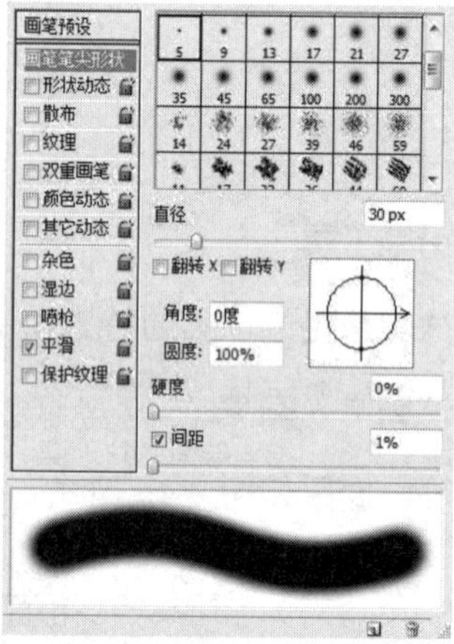

图 4-17

③ 间距：用于控制描边时画笔笔迹之间的距离，也就是点与点的距离（见图 4-18）。

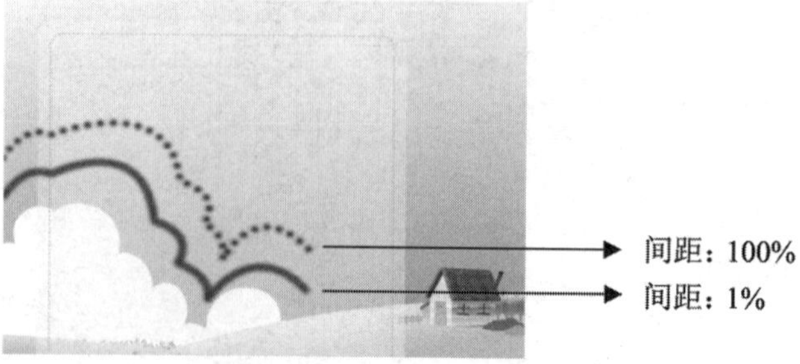

图 4-18

④ 圆度：用于定义画笔短轴与长轴之间的比例。可以直接在“圆度”数值框中输入百分比值，或者在预览框中拖动两个黑色的节点。100%时为圆形画笔，0%时为线性画笔（见图 4-19）。

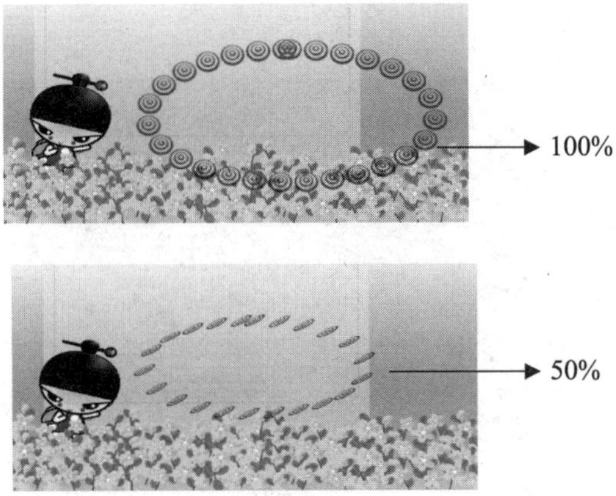

图 4-19

四、新建画笔

选择“编辑”→“定义画笔预设”命令，可以自定义画笔效果，如图 4-20 至图 4-22 所示。

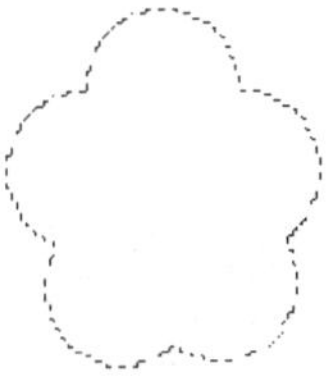

图 4-20

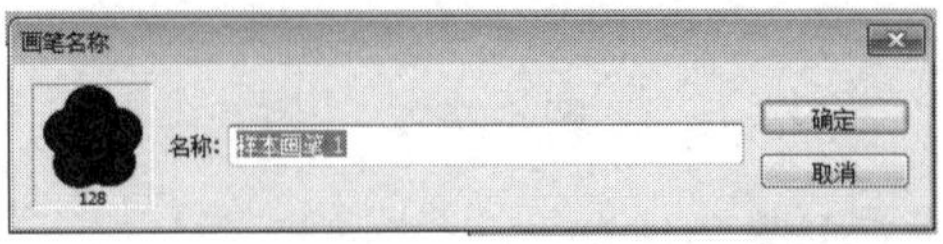

图 4-21

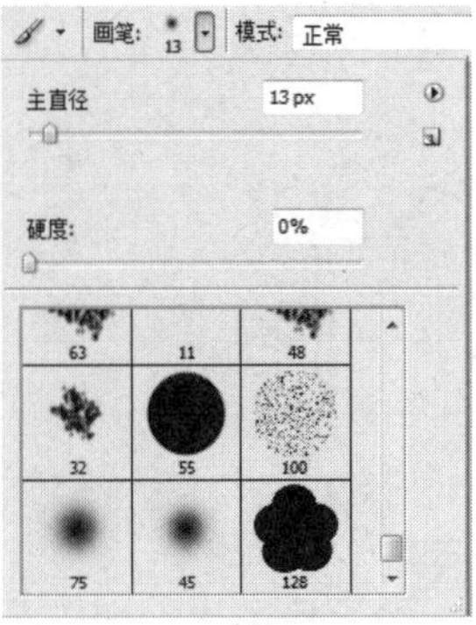

图 4-22

技巧与提示

- “画笔工具”的快捷键是 B，调用“画笔”面板的快捷键是 F5。
- 增大或减小笔头大小的快捷键是[和]，使用 Shift+[或 Shift+]组合键可以选择最大或最小的笔头。

举一反三

一、星光朦胧（见图 4-23）

图 4-23

步骤分析

1）选择“文件”→“新建”命令，在“新建”对话框中的“名称”文本框中输入“试题 6-姓名”。在“宽度”数值框中输入 500，在“高度”数值框中输入 400，单位都为像素。“分辨率”使用默认设置 72 像素/英寸，如图 4-24 所示。

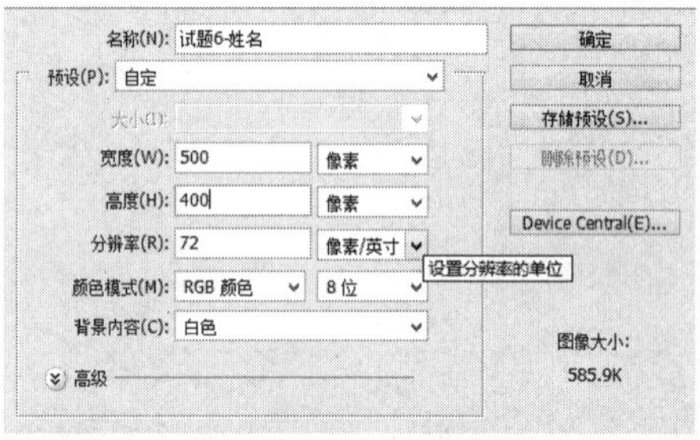

图 4-24

2）使用“渐变工具”进行前景色填充。

3）使用“铅笔工具”绘制星星上的光线，按住 Shift 键绘制直线，如图 4-25 所示。

4）选择“画笔工具”，画笔样式选择“流星”，然后进行绘制，如图 4-26 所示。

图 4-25

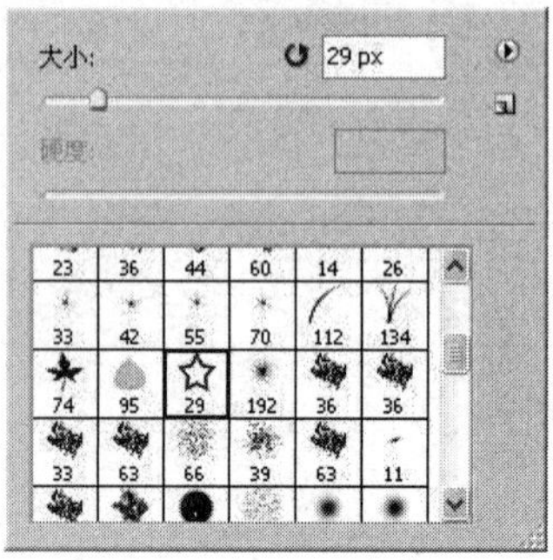

图 4-26

5）使用同样的方法将画笔样式设置为“实心星”进行绘制。

6）将画笔样式设置为“柔边圆”，并设置“调整画笔笔尖形状”下的“间距”值，设置“形状动态”下的“大小抖动”值，如图 4-27 和图 4-28 所示。

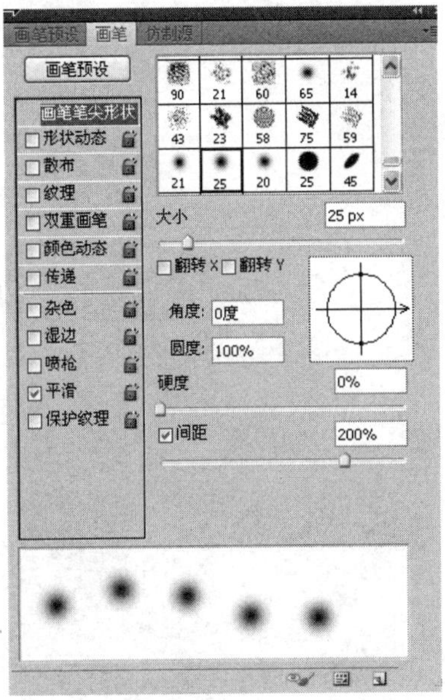

图 4-27

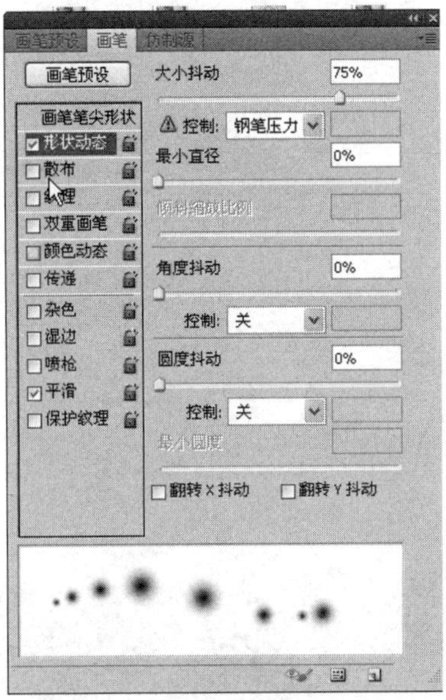

图 4-28

7）使用“矩形选框工具”在画布下方绘制一个长方形，按住 Alt 键，减去多余部分并填充颜色。

8）添加文字，完成效果如图 4-23 所示。

二、中秋月更圆（见图 4-29）

图 4-29

步骤分析

1）选择“文件”→“新建”命令，在“新建”对话框中的“名称”文本框中输入“中秋月更圆+姓名”。在“宽度”数值框中输入 514，在“高度”数值框中输入 394，单位都为像素。“分辨率”使用默认设置 72 像素/英寸，如图 4-30 所示。

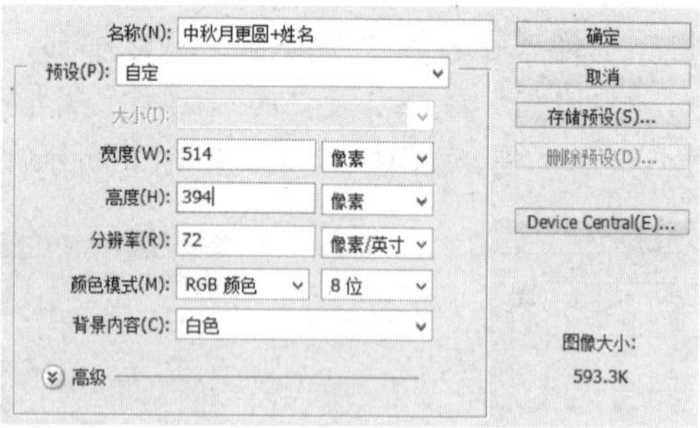

图 4-30

2）按 Alt+Delete 组合键，进行前景色填充。

3）选择“椭圆选框工具”，按住 Shift 键绘制正圆，如图 4-31 所示。

4）使用“渐变工具”为选区填充渐变色。

5）选择“铅笔工具”，按住 Shift 键绘制直线，如图 4-32 所示。

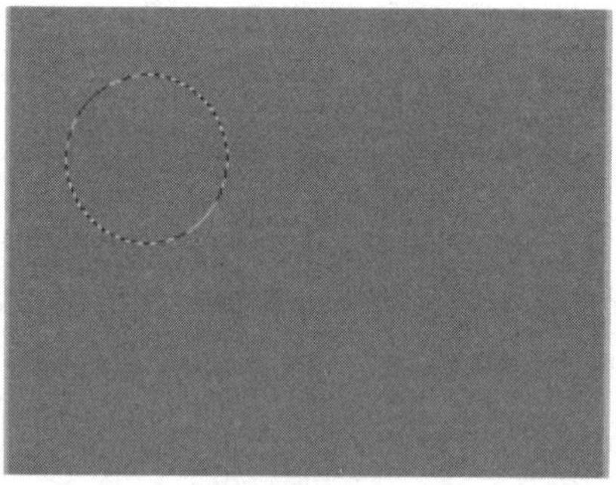

图 4-31

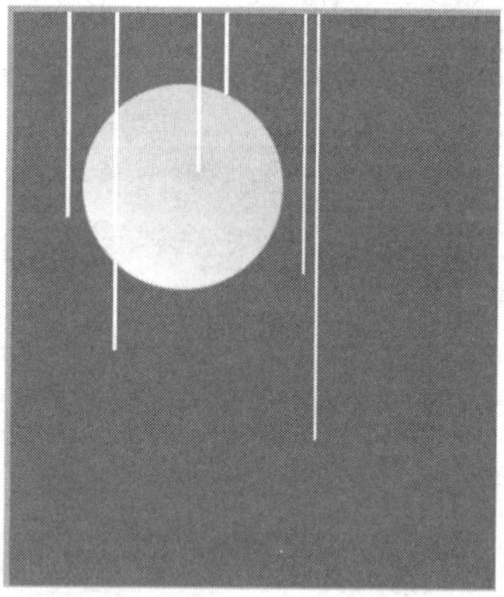

图 4-32

6）选择枫叶形状的画笔，将“大小”设置成 35px，如图 4-33 所示。

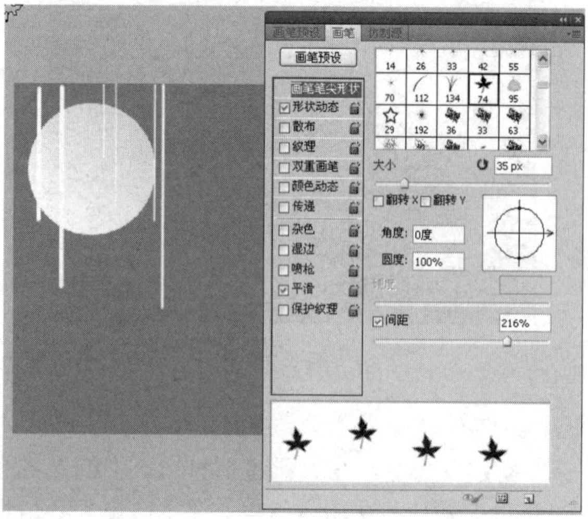

图 4-33

7）返回“画笔”面板，将“颜色动态”下的“色相抖动”值调为 0%，如图 4-34 所示。

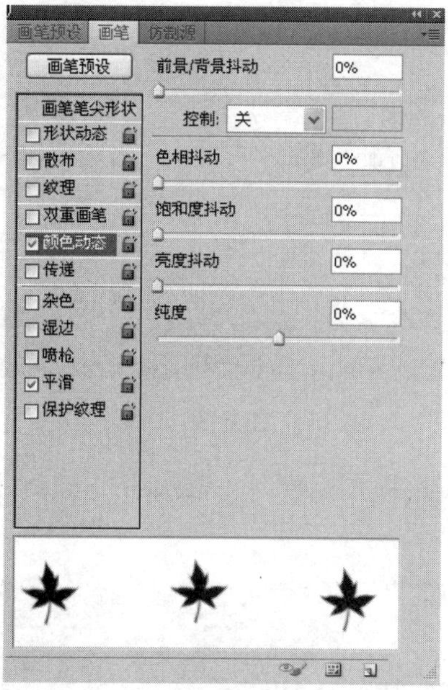

图 4-34

8）将“散布”下的“数量”值调为 2、“数量抖动”值调为 4%，绘制枫叶，如图 4-35 所示。

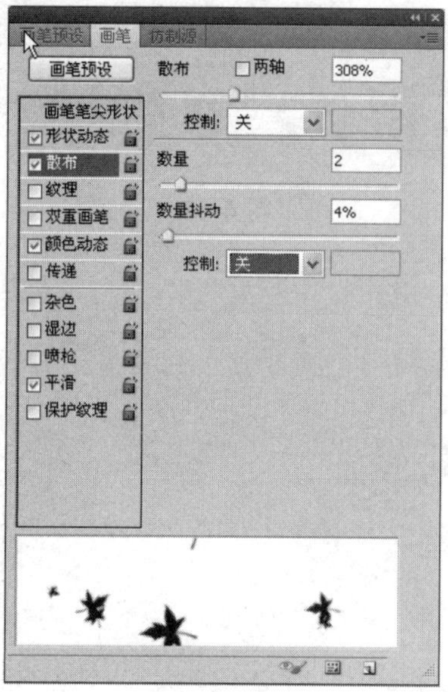

图 4-35

9）在工具选项栏中将画笔样式设置为“硬边圆”，绘制线条上的实心光斑，如图 4-36 所示。

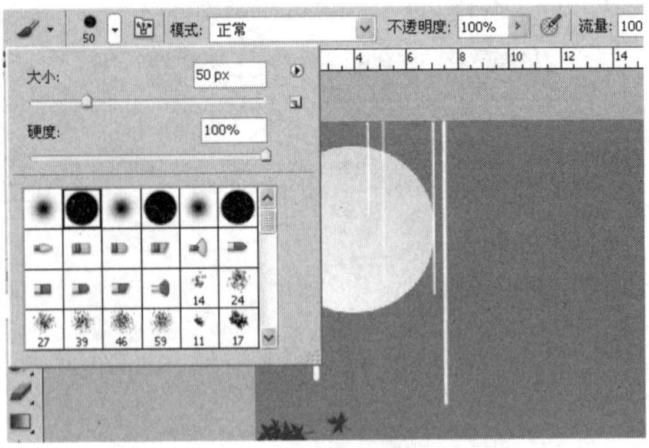

图 4-36

10）在工具选项栏中将画笔样式设置为“柔边圆”，绘制线条上的虚边光斑，如图 4-37 所示。最终效果如图 4-28 所示。

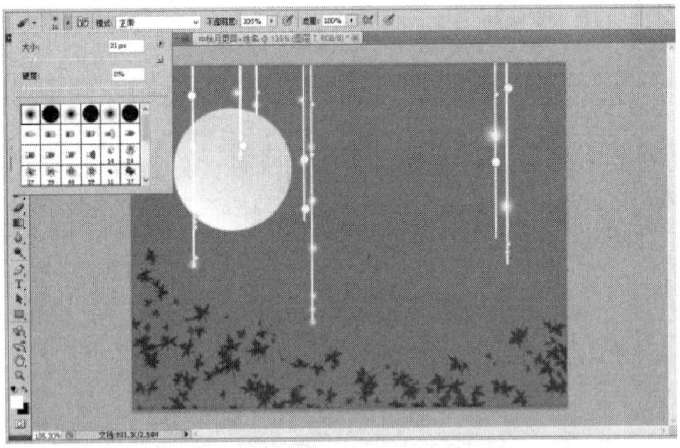

图 4-37

三、白云悠悠，我心悠悠（见图 4-38）

图 4-38

步骤分析

1）选择“文件”→“新建”命令。在“新建”对话框中的名称文本框中输入“心+姓名”，在“宽度”数值框中输入 1920、单位为“像素”，在“高度”数值框中输入 1200、单位为“像素”，“分辨率”保持默认设置为 72 像素/英寸，如图 4-39 所示。

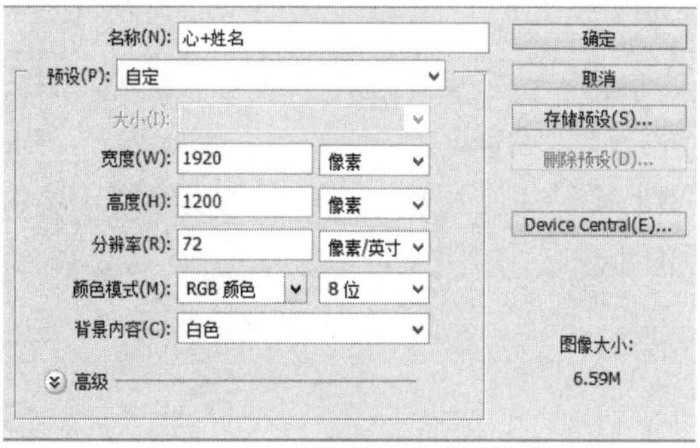

图 4-39

2）按 Alt+Delete 组合键，进行前景色填充。

3）使用“画笔工具”绘制第 2 层背景，略微调整不透明度。

4）使用“钢笔工具”绘制心形，并填充白色。

5）在心形下新建图层，选择“画笔工具”并调整其“硬度”与“不透明度”，绘制边缘，如图 4-40 所示。

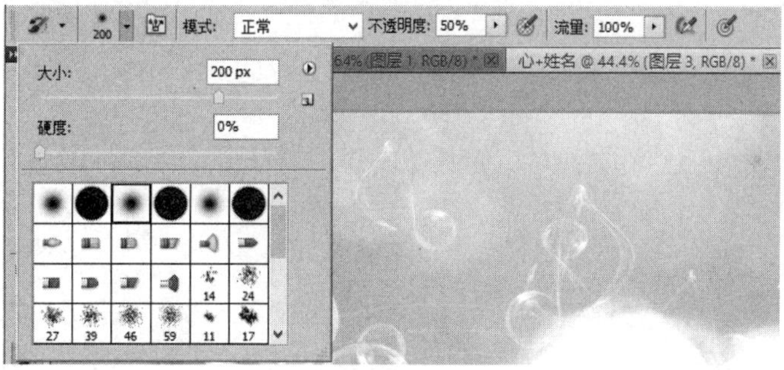

图 4-40

6）用同样的方法绘制上方光斑和下方云彩底层。

7）在细节旋转处，可以按 Ctrl+T 组合键进行自由旋转，按 Alt 键改变旋转基础点，使其围绕中心转动，如图 4-41 所示。

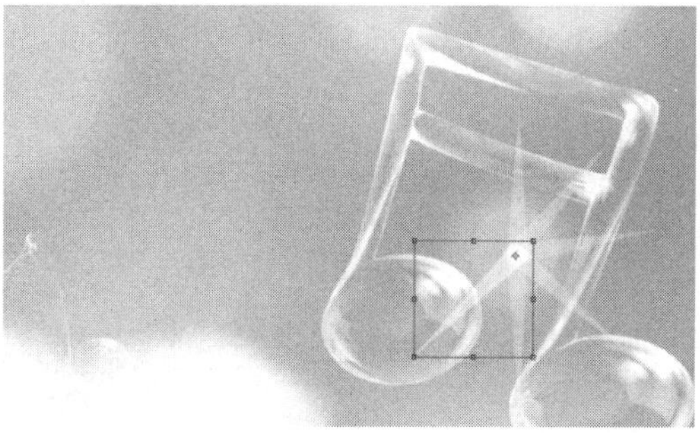

图 4-41

课堂反馈

- 要设置特殊样式的画笔，一定要先选择“画笔工具”，然后打开“画笔”面板，在“画笔”面板中进行画笔设置。
- 如果想要使绘制出的图形更有层次感，可以每次绘制一层新的图形，就建立一个新的图层，同时调整图层的不透明度。

课　堂　笔　记

课堂内容	知识掌握情况	需要帮助的地方
画笔工具		
画笔调板		
画笔大小		
画笔硬度		
大小抖动		
你还掌握了哪些知识？		

模块五

优美的曲线——钢笔工具

任务一　直来直往

任务引入

小商和校校无意中在电脑里发现了一张图片，如图 5-1 所示。

小商："这个应该是一张会员卡的正反面！"

校校："我觉得卡的正面很好看，能不能把它单独提取出来呢？"

图 5-1

任务分析

如何使用钢笔工具选择卡片的正面？选择后怎样才能成功取出？

实现过程

1）用 Photoshop 打开素材，然后选择工具箱中的"钢笔工具"，如图 5-2 所示。

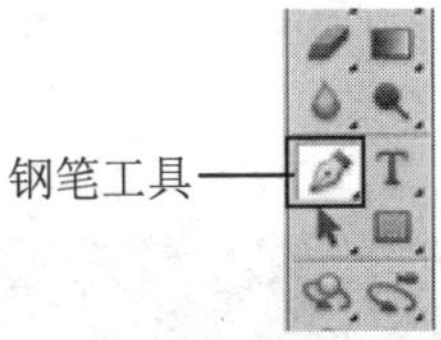

图 5-2

技巧与提示

调用“钢笔工具”的快捷键是 P。

2）沿卡片的边缘单击并移动，围绕卡片绘制一个完整闭合的路径，如图 5-3 所示。

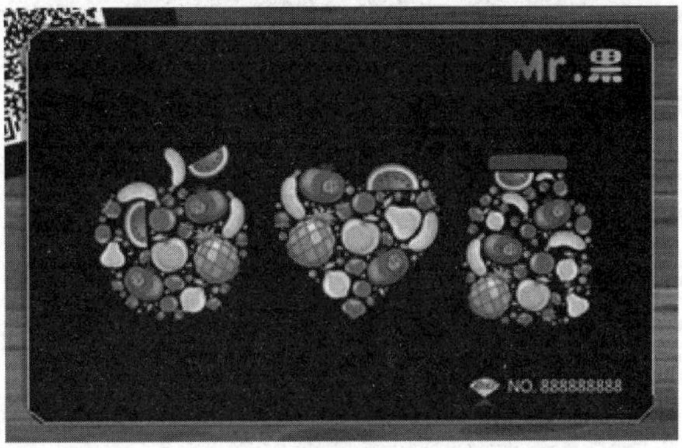

图 5-3

技巧与提示

路径一定要首尾相连，中间不能断开。

3）然后可按 Ctrl+Enter 组合键将路径转化为选区，如图 5-4 所示。

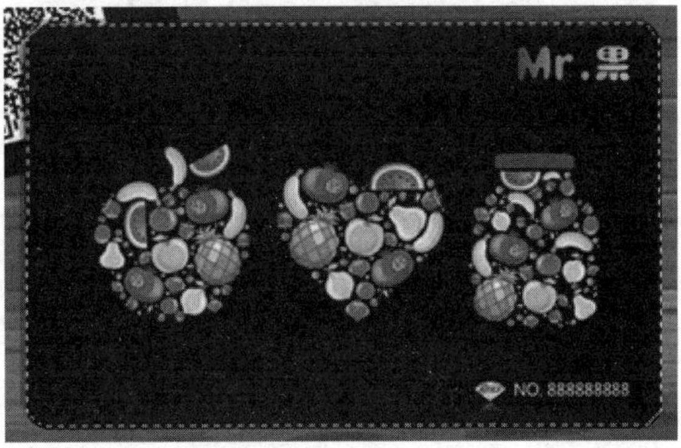

图 5-4

4）最后按 Ctrl+Shift+I 组合键进行反选，按 Delete 键删除背景，就达到了将选区与背景层分离的效果，如图 5-5 所示。

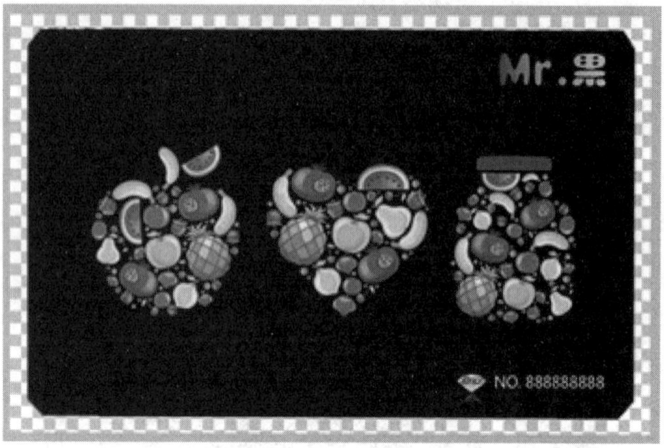

图 5-5

任务二　线条的魅力

任务引入

小商：“在上一个任务中，卡片的四个角是圆角啊！”
校校：“能不能使用钢笔工具绘制圆滑的曲线呢？”

任务分析

图 5-6 所示的这张图片中 4 只桃子，如果只想要最前面的桃子，就必须使用曲线来选中它，这将如何操作呢？

图 5-6

实现过程

1）打开桃子图片，选择“钢笔工具”。

2）在最前面的桃子的边缘单击，如图 5-7 所示。

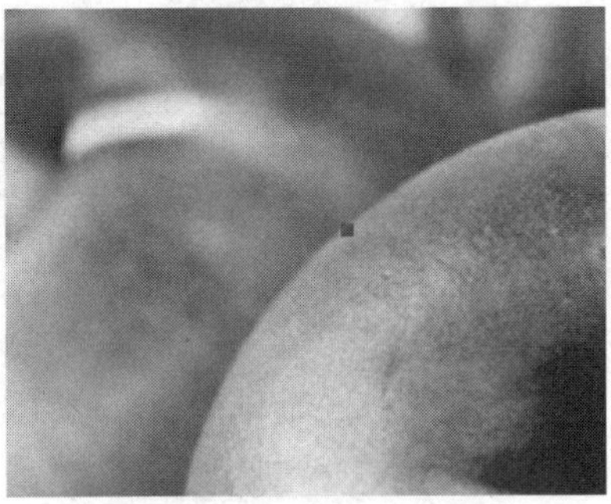

图 5-7

3）然后将光标移动到桃子的另外一侧，单击边缘并按住鼠标左键拖动调节杆，这样就达到了使用“钢笔工具”绘制曲线路径的效果，如图 5-8 所示。

图 5-8

4）使用同样方法围绕桃子的边缘单击并拖动绘制曲线路径，直到选中整个桃子如图 5-9 所示。

图 5-9

5）然后按 Ctrl+Enter 组合键将路径转化为选区，如图 5-10 所示。

6）最后按 Ctrl+Shift+I 组合键反选，删除背景，即可将选区与背景层分离，如图 5-11 所示。

图 5-10

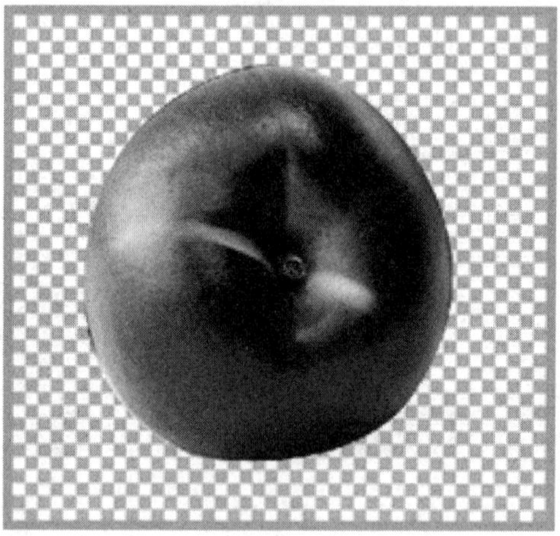

图 5-11

7）下面可以按照前面的办法来练习一下，将图 5-12 中的梨提取出来，达到如图 5-13 所示的效果。

图 5-12

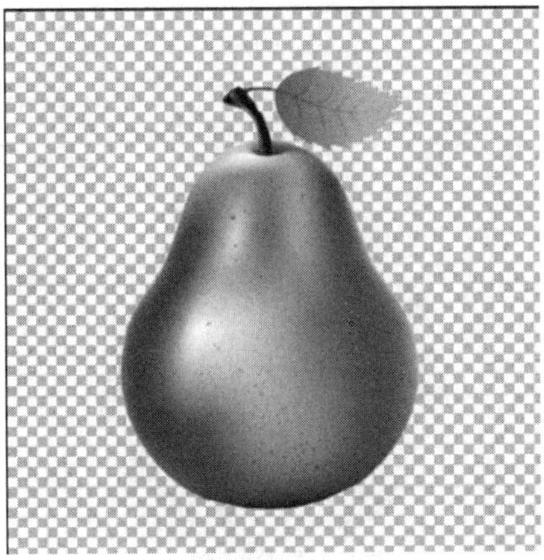

图 5-13

技巧与提示

绘制曲线路径时，要按住鼠标左键的同时拖动调节杆。

8）使用“钢笔工具”绘制好路径后，还可以修改路径，如图 5-14 所示。

图 5-14

9）这时可使用“直接选择工具”，如图 5-15 所示。当选择“直接选择工具”时路径就进入了可编辑的状态。

图 5-15

10）选择想要修改的路径上的锚点，可以任意拖动调节杆，达到想要的效果，如图 5-16 所示。

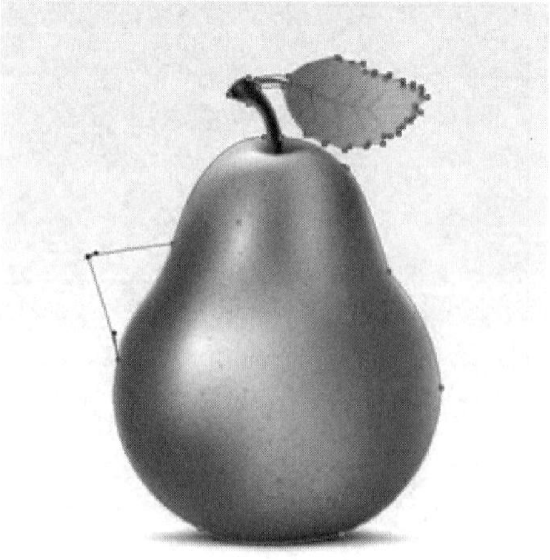

图 5-16

11）绘制完路径后按 Ctrl+Enter 组合键，将路径转化为选区，如图 5-17 所示。最后将选区之外的像素删除，如图 5-18 所示。

图 5-17

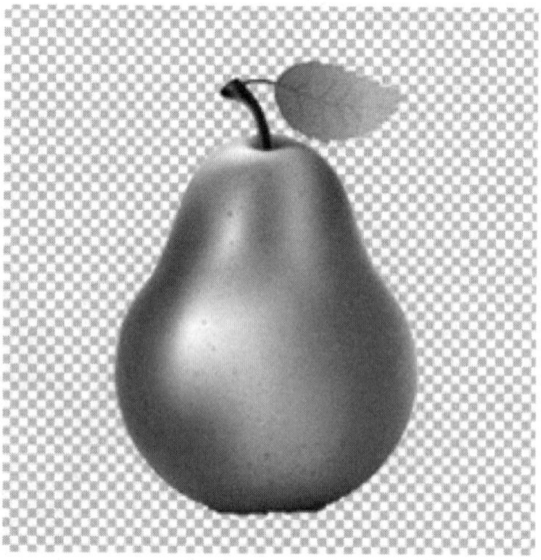

图 5-18

技巧与提示

- 在选择路径上的一个锚点后，按住 Alt 键的同时，在该锚点上单击，这时该锚点上的调节杆将会消失，再调节下一个锚点时就不会受影响了。
- 使用“钢笔工具”绘制路径时，按住 Shift 键可以强制使调节杆呈水平、垂直或 45°角；按住 Ctrl 键可暂时切换到“路径选择工具”；按住 Alt 键的同时在调节杆上的黑色节点上单击可以改变调节杆的方向，使曲线能够转折；按住 Alt 键用“路径选择工具”单击路径将选择整个路径；要同时选择多个路径可以按住 Shift 键后逐个单击。

任务三　献给妈妈的爱

任务引入

妈妈的生日快到了，小商想准备一份礼物送给妈妈，最近刚学会了使用“钢笔工具”，小商决定运用“钢笔工具”给妈妈画个爱心。

任务分析

想画出一个好看的心形，首先要熟悉“钢笔工具”和“直接选择工具”的应用。

实现过程

1）先使用“钢笔工具”画出一个大概的心形形状，如图 5-19 所示。

2）选择“直接选择工具”慢慢进行修改，直到达到满意的效果。

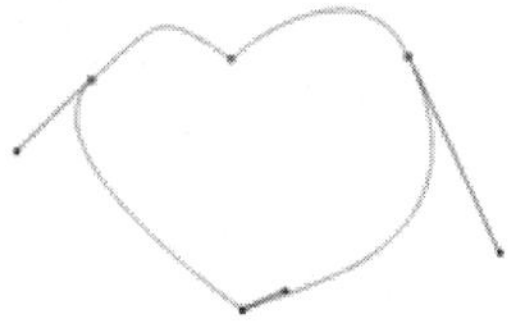

图 5-19

技巧与提示

要想用“钢笔工具”画出各种不同的形状，必须掌握每一次拖动调节杆时曲线发生的变化。习惯配合 Alt 键进行操作，按住 Shift 键可以画直线。

任务四　珍贵的花瓶

任务引入

小商在网上看到了一个花瓶，觉得轮廓很好看，如图 5-20 所示。于是他决定自己动手将这个花瓶从背景上抠出来。

图 5-20

任务分析

1. 如何使用“钢笔工具”选取花瓶？
2. 如何删除花瓶的背景？

实现过程

1）打开花瓶素材，选择“钢笔工具”。

2）使用“钢笔工具”沿着花瓶边缘绘制路径，绘制时控制好锚点方向，如图 5-21 所示。

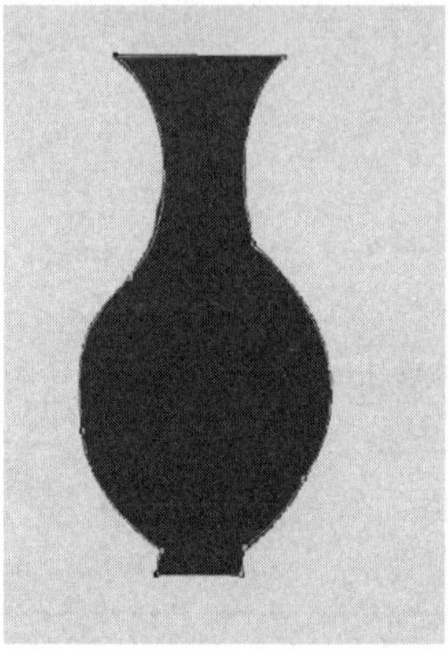

图 5-21

技巧与提示

使用“钢笔工具”绘制路径时，路径要首尾相连，不然会出现绘制的路径与原图像不一致的情况，一定要细心地做好每一步以正确控制锚点的方向。

3）然后按 Ctrl+Enter 组合键将路径转化为选区，如图 5-22 所示。

图 5-22

技巧与提示

当使用“钢笔工具”绘制完路径并转化为选区后，可以加一些羽化效果。除非像本例这样像素比较小的图片，一般大图都要设置至少 1 个像素以上的“羽化半径”，如图 5-23 所示，这样可以使抠出的图像边缘不生硬，更加顺畅自然。设置羽化效果还可直接按 Shift+F6 组合键。

图 5-23

4）按 Ctrl+Shift+I 组合键反选选区外多余的背景，按 Delete 键将背景删除，如图 5-24 所示。

图 5-24

答疑解惑

自定义形状工具

“自定义形状工具”的使用很简单，只要找到了它的位置（见图 5-25），相信大家都能得心应手地绘制出自己想要的图形。

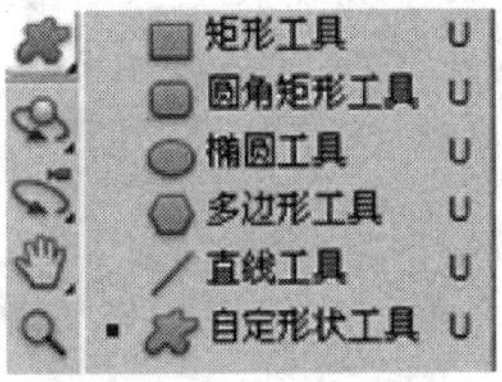

图 5-25

在绘制自定义形状时应注意工具选项栏中的选项，如图 5-26 所示。

图 5-26

当选择创建新的形状图层时，选择“形状图层”选项，如图 5-27 所示。

图 5-27

当选择创建路径时，选择“路径”选项，如图 5-28 所示。

图 5-28

当选择创建填充的区域时，选择“填充像素”选项，如图 5-29 所示。

图 5-29

单击“形状”选项右侧的下拉按钮，将会出现形状库，可以从中选择相应的形状进行绘制，如图 5-30 所示。

图 5-30

举一反三

一、制作苹果标志（见图 5-31）

图 5-31

技巧与提示

按住 Alt 键拖动锚点调节杆绘制苹果标志的选区。

步骤分析图（见图 5-32）

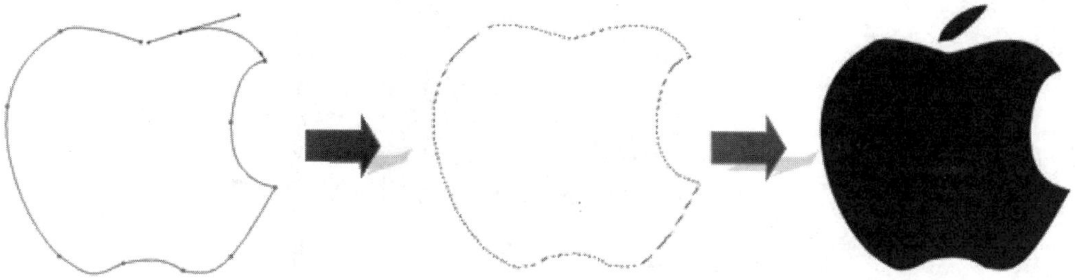

图 5-32

知识点提示

钢笔工具、前景色填充（Alt+Delete）、背景色填充（Ctrl+Delete）。

二、制作黑色小猫（见图 5-33）

图 5-33

技巧与提示

绘制图形时，注意及时创建新图层，制作一部分新建一个图层。

步骤分析图（见图 5-34）

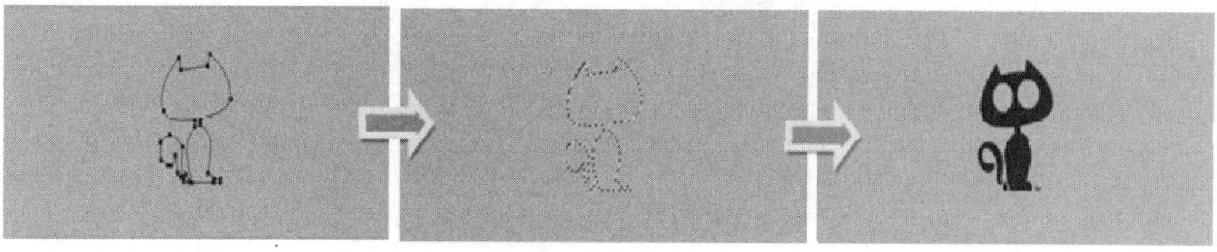

图 5-34

知识点提示

前景色填充（Alt+Delete）、背景色填充（Ctrl+Delete）、椭圆选框工具、移动工具。

三、制作卡通人物（见图 5-35）

图 5-35

技巧与提示

使用“钢笔工具”抠图时一定要细心，否则图像上的一些边缘会变得不规则。

步骤分析图（见图 5-36）

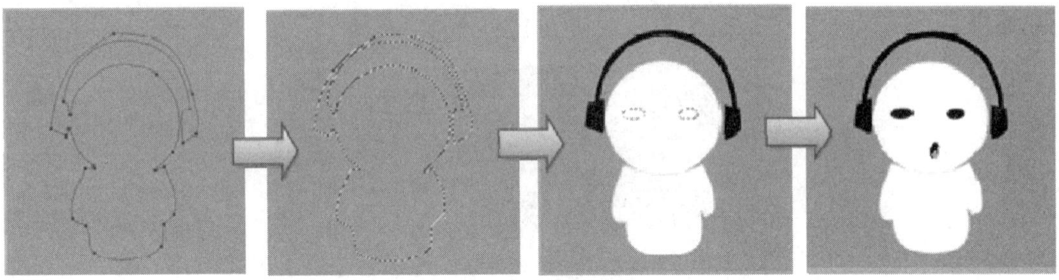

图 5-36

知识点提示

前景色填充（Alt+Delete）、背景色填充（Ctrl+Delete）、椭圆选框工具、移动工具。

四、制作五角星（见图 5-37）

图 5-37

步骤分析图（见图 5-38 至图 5-40）

图 5-38

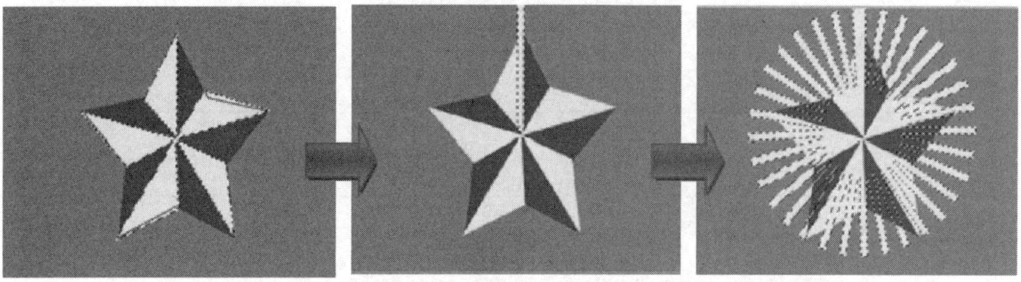

图 5-39

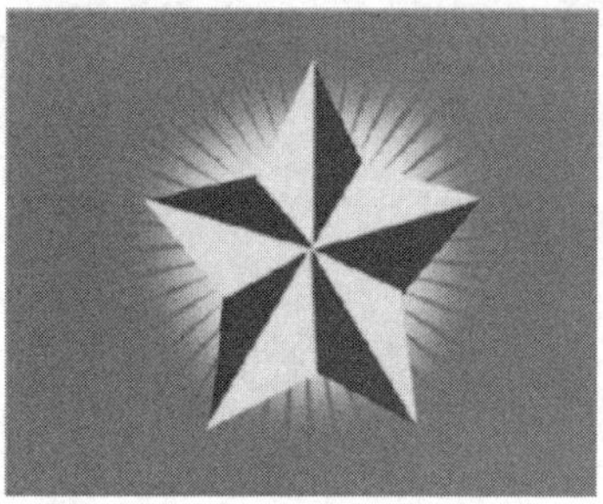

图 5-40

技巧与提示

当五角星后面的由多个矩形组成的图案时，会用到重复变换命令，可以按 Ctrl+Alt+Shift+T 组合键。

知识点提示

前景色填充（Alt+Delete）、背景色填充（Ctrl+Delete）、自定义形状工具、矩形选框工具、橡皮擦工具、移动工具。

五、绘制自定义标志（见图 5-41）

图 5-41

技巧与提示

在为图像高光部分设置渐变时可以调一下不透明度，以使画面看起来更加协调。

步骤分析图（见图 5-42 和图 5-43）

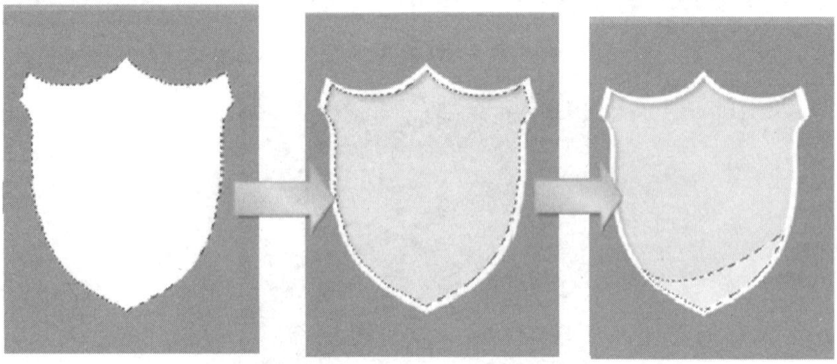

图 5-42

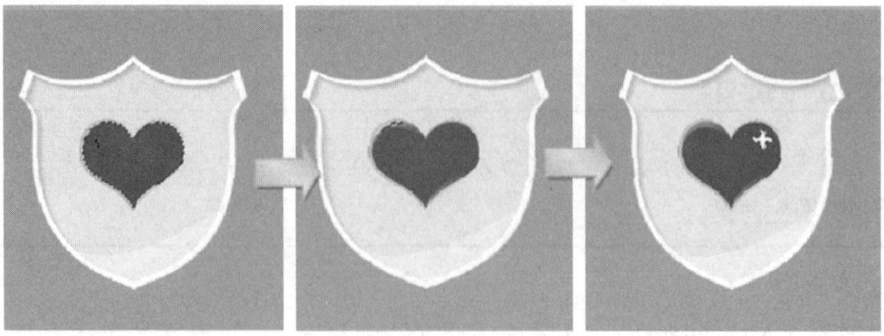

图 5-43

知识点提示

前景色填充（Alt+Delete）、背景色填充（Ctrl+Delete）、自定形状工具、矩形选框工具、橡皮擦工具、移动工具、渐变工具、图层样式。

六、绘制装饰图案（见图 5-44）

图 5-44

技巧与提示

矩形块上有高光部分，图层的建立是图案制作的关键，图案中的自定义图形可按个人喜好进行修改。

步骤分析图（见图 5-45 至图 5-46）

图 5-45

技巧与提示

背景后面的线条可以使用“钢笔工具”绘制。

图 5-46

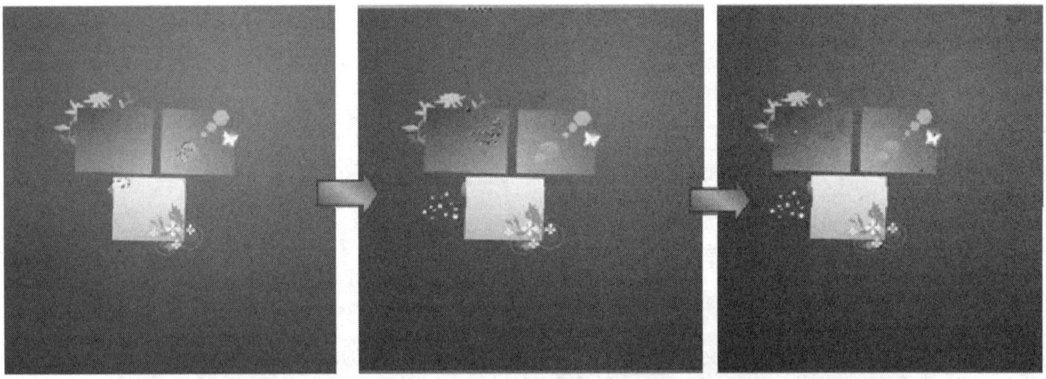

图 5-47

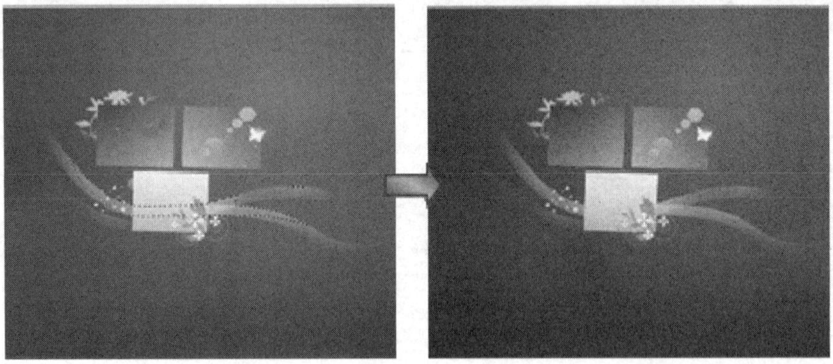

图 5-48

知识点提示

前景色填充（Alt+Delete）、背景色填充（Ctrl+Delete）、自定义形状工具、矩形选框工具、橡皮擦工具、移动工具、渐变工具、画笔工具。

课堂反馈

- 使用钢笔工具抠出图形后，先把路径转化为选区，然后新建一个文件，使用复制、粘贴或者直接拖动选区到新建文件上即可。
- 使用钢笔工具时，在其工具选项栏中有 3 个选项，分别是路径、形状图层、填充像素，如果要画出形状应该选择形状图层，如果只需要轮廓，则选择路径。
- 钢笔工具绘制路径的关键是锚点，锚点设置在好的位置，则画出的弧度就会很漂亮，因此钢笔工具一定要多用，多练。
- 使用钢笔工具画完曲线后画直线，需要先按住 Alt 键单击要开始画直线的锚点，再到直线的结束处单击即可。
- 使用钢笔工具勾路径时有时会出现自动反选的效果，这是因为在钢笔工具的工具选项栏中有 4 种填充运算区域，如果选择的是“从路径区域减去”选项就会出现反选的效果，如不想要此效果，可选择“新建图层”或者“合并形状”选项。

课　堂　笔　记

课堂内容	知识掌握情况	需要帮助的地方
钢笔工具		
矩形工具		
路径		
锚点		
调节杆		
你还掌握了哪些知识？		

模块六

文明的传承——文字工具

任务引入

“六一”儿童节快到了，小商和校校商量着一起制作一张儿童节贺卡，发给小朋友们，如图 6-1 所示。

在这个阳光灿烂的日子里
六一是一个充满孩子欢笑的乐园，在这个充满快乐的日子里，让我们手牵着手向着快乐进发。
儿童节快乐

图 6-1

任务分析

1. 图 6-1 中的文字有什么特点？

2. 图 6-1 中的 3 段文字的形状、颜色、大小、长度都是一样的吗？它们都是如何创建出来的？

任务一　儿童节快乐——点文字

实现过程

1）打开素材图片，选择“文字工具”，在工具选项栏中设置合适的字体，设置字号为 24 点，设置字体颜色为紫红色。

2）在画布中单击，闪烁的光标处即为输入文字的插入点，如图 6-2 所示。

3）在光标处输入文字后，单击工具选项栏上的“提交所有当前编辑”按钮或按 Ctrl+Enter 组合键即可完成输入操作，如图 6-3 所示。

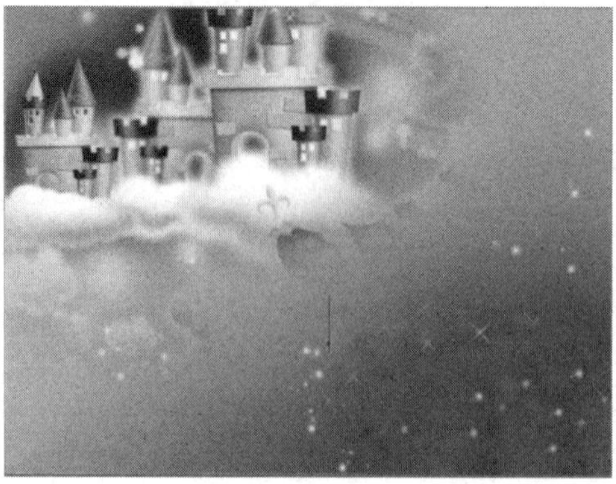

图 6-2

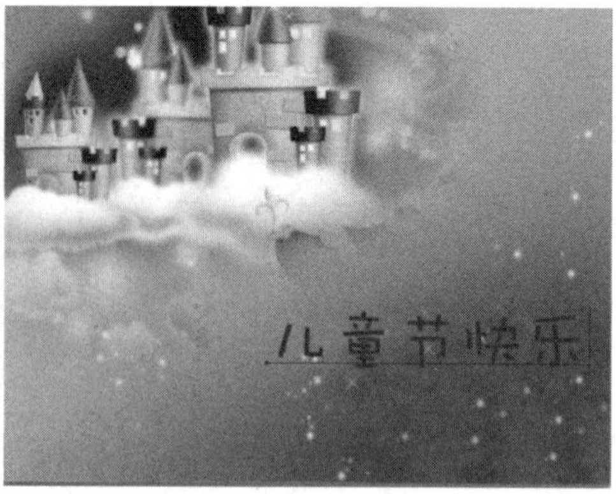

图 6-3

4）单击“图层”面板上的按钮，在下拉菜单中选择“描边”命令，在弹出的“图层样式”对话框中设置“大小”为 3 像素，“颜色”为白色，如图 6-4 所示。效果如图 6-5 所示。

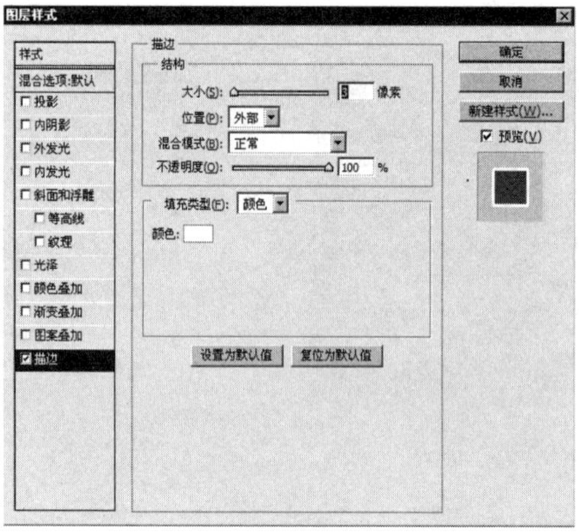

图 6-4

图 6-5

任务二　儿童节快乐——段落文字

在任务一中为贺卡制作点文字后，本任务将制作如图 6-1 所示左侧的段落文字。

实现过程

1）单击“文字工具”按钮，在画布中拖动出一个文本框。在文本框中输入文字内容，然后单击工具选项栏上的“提交所有当前编辑”按钮或按 Ctrl+Enter 组合键确认输入，如图 6-6 和图 6-7 所示。

2）单击工具选项栏中的按钮，打开“字符”面板，通过设置“行间距”和“字间距”调整段落文字的间距，如图 6-8 所示。

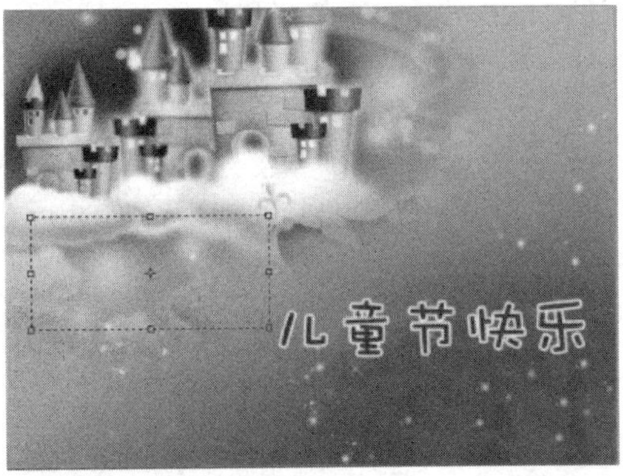

图 6-6

图 6-7

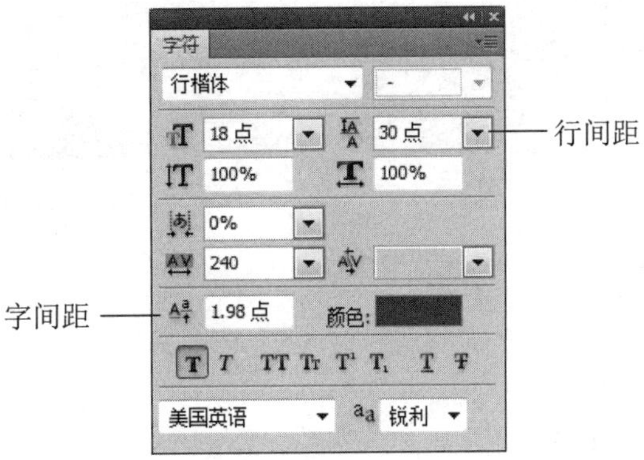

图 6-8

3）在段落文字内单击，显示文本框。将光标放置在文本框的控制点上，待光标变为双向箭头时，拖动即可改变文本框的大小。将光标放置在 4 个角点位置上，待光标变为箭头时，可以旋转文本框，从而改变整个段落文字的方向。

技巧与提示

段落文字和点文字的最大的区别是：点文字是在画布中的文本插入点后输入文字，而段落文字是在画布中拖动出的一个文本框中输入文字。在输入段落文字时，当文字长度达到文本框边缘时，文字会自动换行。在对大量文字进行排版时多使用段落文字。

任务三　儿童节快乐——路径文字

在 Photoshop 中可以使文字沿着指定的路径进行排列，从而实现各种特殊效果。

实现过程

1）使用“钢笔工具”在画布中绘制如图 6-9 所示的路径曲线。

2）选择“文字工具”，在工具选项栏中设置适当的字体、字号和颜色。

3）将光标放置在创建的路径上，当光标变为 状态时单击，从而确定文字在路径上的起始位置，如图 6-10 所示。

4）如需修改文字的字体、字号和颜色，可以在选择“文字工具”后，将文字选中，通过工具选项栏重新设置文字属性。

图 6-9

图 6-10

答疑解惑

一、横排文字与直排文字

在使用“文字工具”输入文字时，可以通过以下 2 种方法来选择使用横排文字或是直排文字。

方法 1：长按“文字工具”，从打开的下拉列表中选择“横排文字工具”或“直排文字工具”，如图 6-11 所示。

图 6-11

方法 2：单击工具选项栏中的“切换文本取向”按钮 ，可以设置横排文字或是直排文字，如图 6-12 所示。

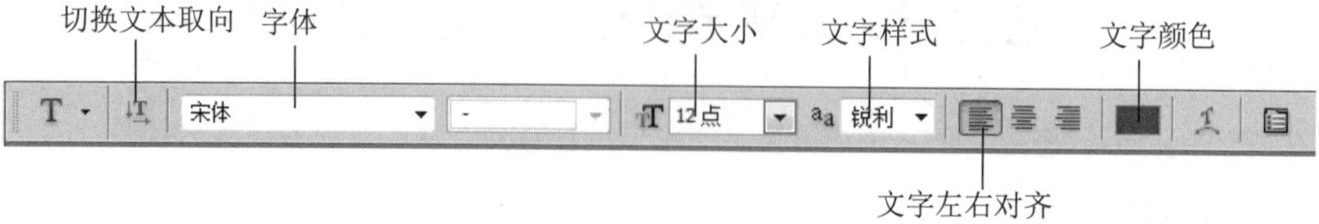

图 6-12

二、格式化文字

输入完成的文字可以通过“字符”面板来设置字符的属性。

1）选择“文字工具”，双击画布中的文字内容。

2）单击工具选项栏中的“切换字符和段落面板”按钮，打开“字符”面板，如图 6-13 所示。

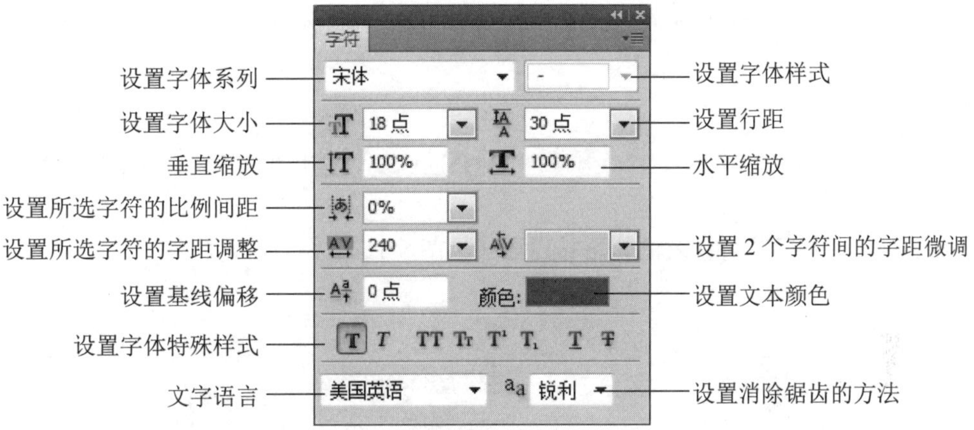

图 6-13

三、格式化段落

在“段落”面板中可以为大段文字设置对齐方式和缩进等属性。单击工具选项栏中的“切换字符和段落面板”按钮，选择“段落”选项卡，各项参数功能如图 6-14 所示。

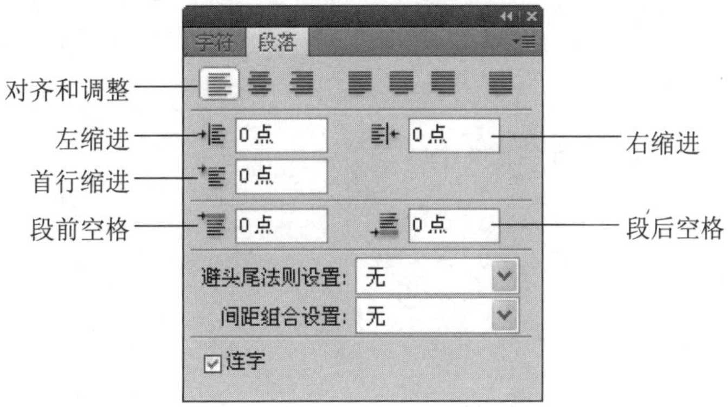

图 6-14

技巧与提示

调用文字工具的快捷键为 T，确定文字输入可按 Ctrl+Enter 组合键。

四、转换文字

使用文字工具在画布上输入文字后，会形成单独的文字图层。在 Photoshop 中许多编辑工具与命令在文字图层中都无法使用，因此后期如果想对文字图层进行编辑操作，必须将文字图层转换成普通图层，即栅格化文字图层，方法如下。

选择“图层”→“栅格化”→“文字”命令，即可将文字图层转换为普通图层。在栅格化后的文字图层中不可更改文字内容，但是可以使用图像编辑工具和命令对文字进行美化处理。

举一反三

一、制作《巴黎没有摩天轮》图书封面（见图 6-15）

图 6-15

步骤分析图（见图 6-16 至图 6-19）

图 6-16

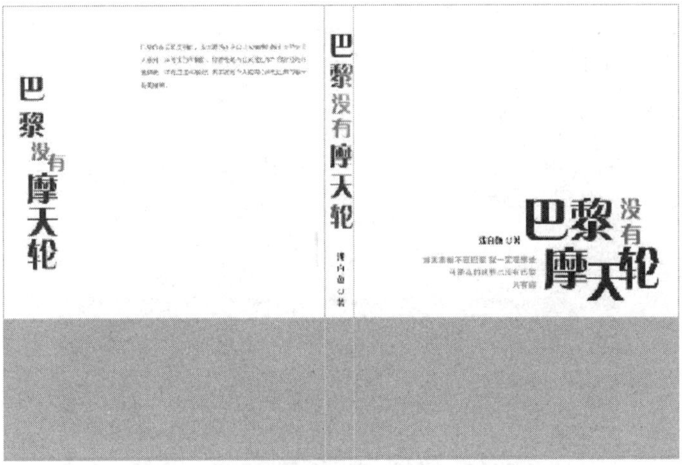

图 6-17

图 6-18

图 6-19

知识点提示

标尺（Ctrl+R）、前景色填充（Alt+Delete）。

二、制作路站牌（见图 6-20）

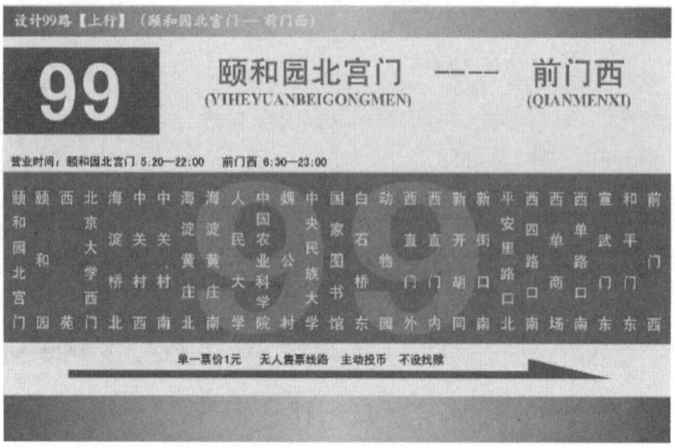

图 6-20

步骤分析图（见图 6-21 至图 6-24）

图 6-21

图 6-22

图 6-23

图 6-24

知识点提示

渐变工具、钢笔工具和自由变换（Ctrl+T）。

课堂反馈

初学者刚接触 Photoshop 软件时，有时会遇到使用“文字工具”打不出字的问题，大多有以下几个原因。

- 字体问题。试试是否能输入英文，如果可以输入英文，那就是字体选择的问题。有的字体并不是所有文字都支持，个别字体在输入文字的时候会出现漏字的现象。
- 字体大小太小了。正确的方法是，先设置字体大小，然后输入文字。
- 输入文字的颜色是否与背景色一样，如果一样，则不易分辨。
- 注意“文字工具”的选择，前面 2 个工具可以输入文字，后面 2 个工具输入的是文字选区。

课 堂 笔 记

课堂内容	知识掌握情况	需要帮助地方
点文字的输入		
段落文字的输入		
路径文字的输入		
你还掌握了哪些知识？		

模块七

超乎想象的变化——滤镜

任务一　木板纹理

任务引入

小商和校校去了一次建材市场，进入一家地板专卖店，看见其中一块木地板的纹理很漂亮，如图 7-1 所示。是否能用 Photoshop 做出木板的纹理效果呢？下面就来试一试。

图 7-1

任务分析

1. 图 7-1 的图像有什么特点？
2. 图 7-1 的图像由哪些颜色构成？

实现过程

1）新建一个“宽度”为 500 像素、“高度”为 300 像素、“分辨率”为 72 像素/英寸、“颜色模式”为 RGB 的文件，如图 7-2 所示。

2）将前景色设置为淡暖褐，背景色设置为深黑暖褐。然后选择“滤镜”→“渲染”→“云彩”命令，如图 7-3 所示。效果如图 7-4 所示。

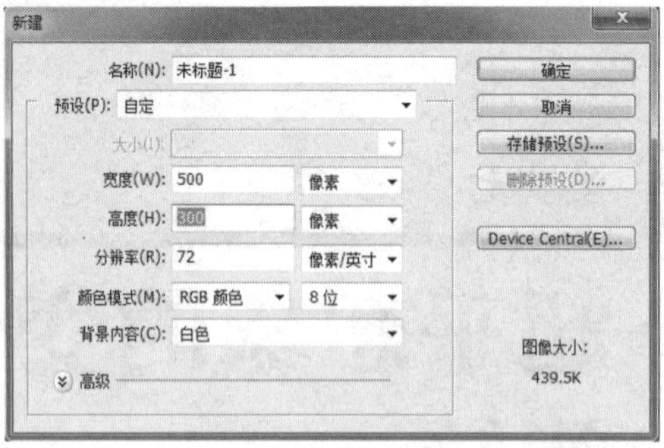

图 7-2

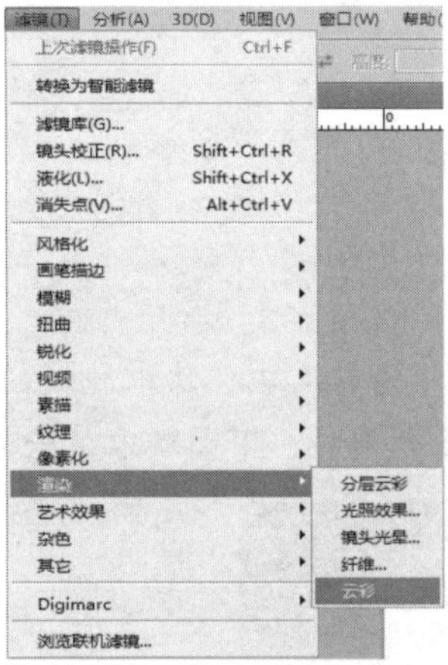

图 7-3

图 7-4

3）选择“滤镜”→“杂色”→“添加杂色”命令，如图 7-5 所示。弹出“添加杂色”对话框，将“数量”设置为 20%，“分布”设置为“高斯分布”，勾选“单色”复选框，如图 7-6 所示。效果如图 7-7 所示。

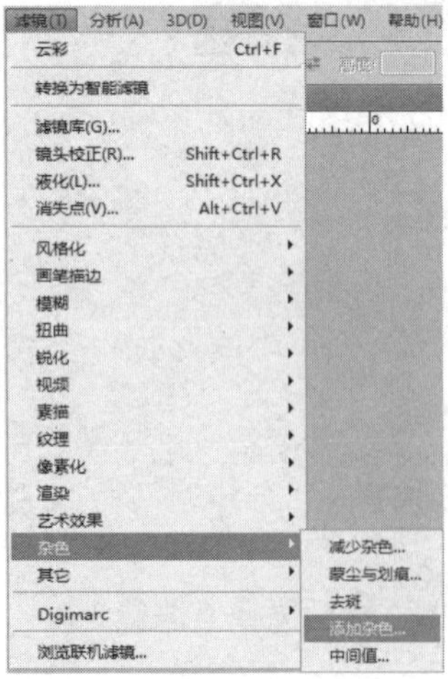

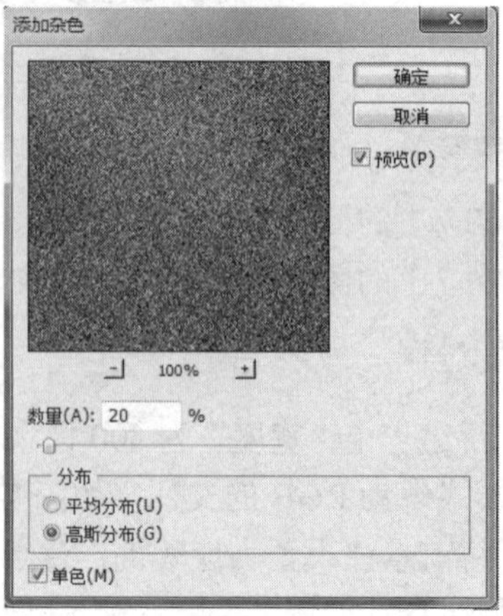

图 7-5

图 7-6

图 7-7

4）选择“滤镜”→“模糊”→“动感模糊”命令，如图 7-8 所示。弹出“动感模糊”对话框，将“角度”设置为 0 度，“距离”设置为 999 像素，如图 7-9 所示。效果如图 7-10 所示。

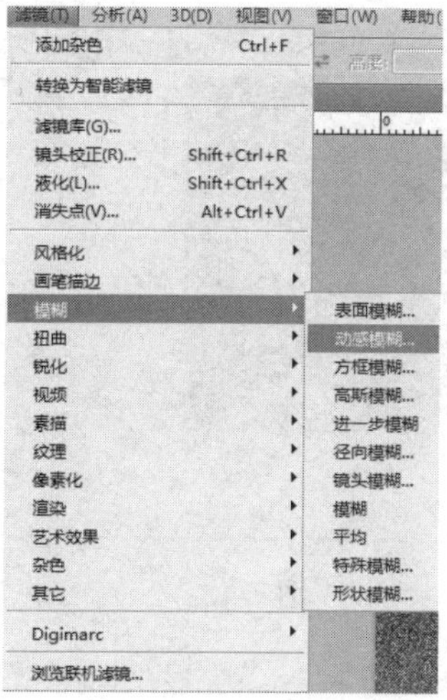

图 7-8

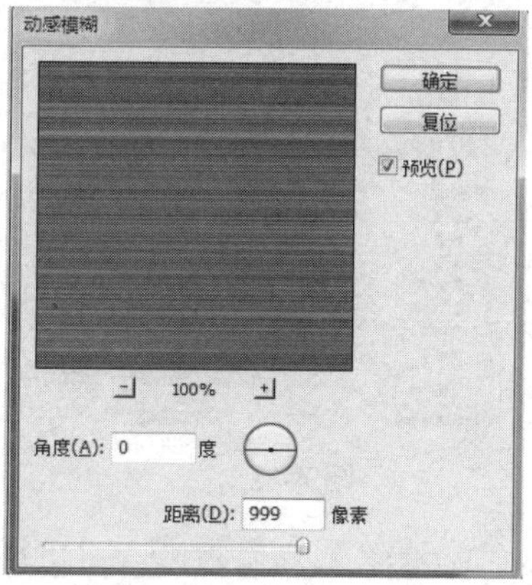

图 7-9

图 7-10

5）选择“矩形选框工具”，在图片任意地方框选出一个横长条的选区，如图 7-11 所示。

图 7-11

6）选择“滤镜”→“扭曲”→“旋转扭曲”命令，如图 7-12 所示。弹出“旋转扭曲”对话框，角度保持默认设置即可，如图 7-13 所示。然后重复步骤 5）和步骤 6），在图片的不同位置为木板制造出年轮效果。

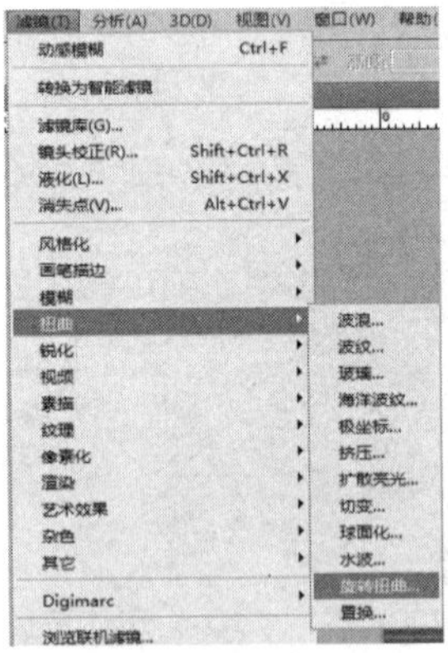

图 7-12

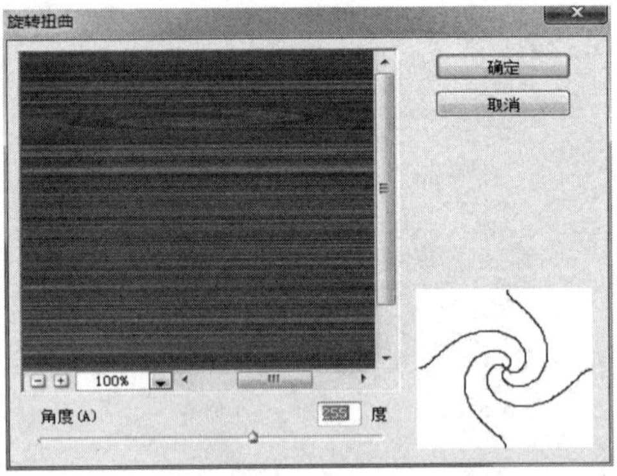

图 7-13

7）现在图片显得有点暗，可以选择“图像”→“调整”→“亮度/对比度”命令，如图 7-14 所示。弹出“亮度/对比度”对话框，设置“亮度”值为 48，“对比度”值为 22，也可按照个人喜好自行调整，如图 7-15 所示。调整后的效果如图 7-16 所示。

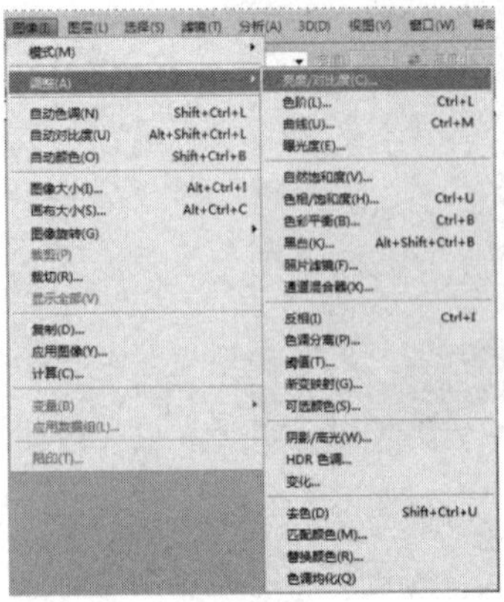

图 7-14

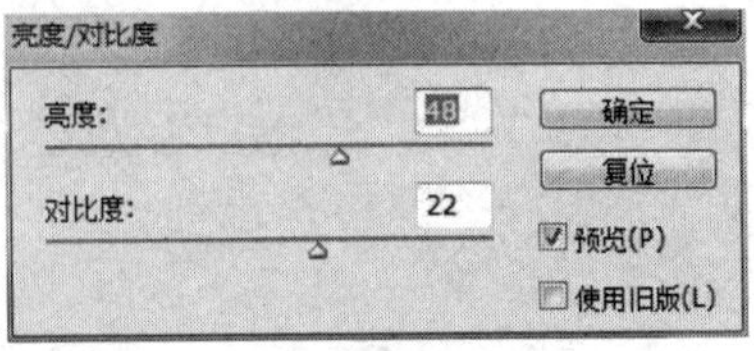

图 7-15

图 7-16

8）最后使用“加深工具”让图片更美观，深浅程度可由个人喜好自行调整，如图 7-17 所示。

图 7-17

任务二　灿烂的星空

任务引入

夜晚小商与校校去山顶看星星，满天的星星一闪一闪的仿佛触手可及。他们想用 Photoshop 做一张星空图留作纪念，如图 7-18 所示。

图 7-18

任务分析

1. 星空有什么特点？
2. 根据你掌握的知识，试分析图 7-18 用到了哪些知识点？

实现过程

1）新建一个“宽度”为 500 像素、“高度”为 500 像素，“颜色模式”为 RGB 的文件。按 Ctrl+Delete 组合键给背景填充黑色。

2）选择“画笔工具”，在“画笔”面板中设置画笔参数。设置“画笔笔尖形状”下的“大小”为 4px，“间距”为 984%，如图 7-19 所示；设置“形状动态”下的“大小抖动”为 75%，如图 7-20 所示；设置“散布”下的“散布”值为 1000%，如图 7-21 所示。

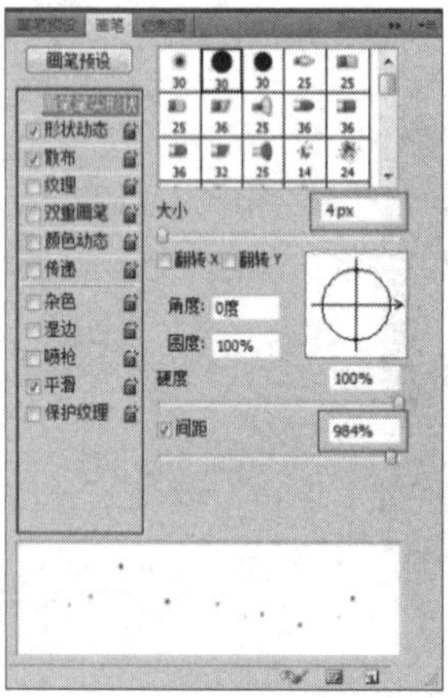

图 7-19

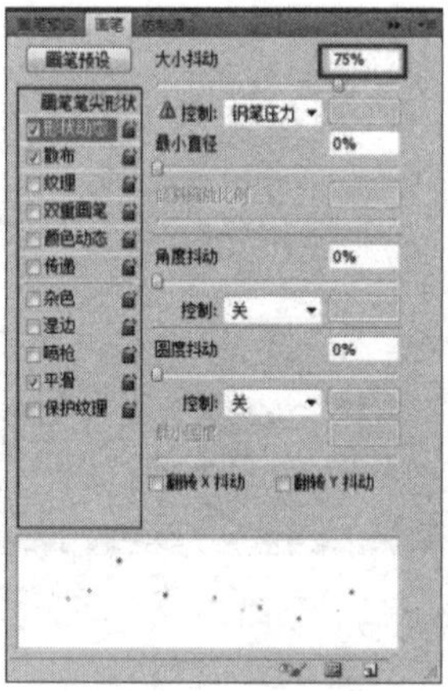

图 7-20

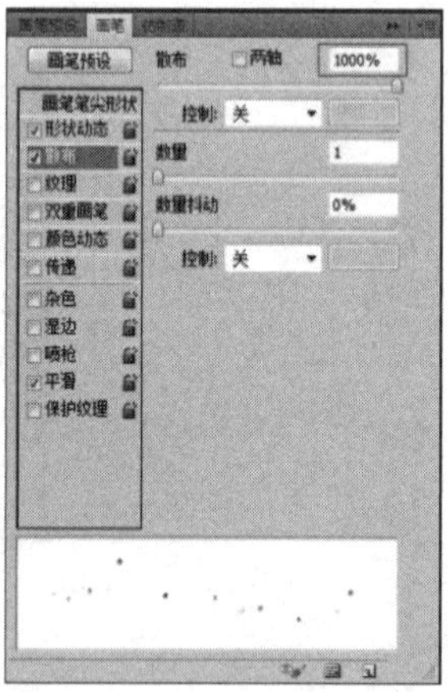

图 7-21

3）使用“画笔工具”在画布上任意画一些点，如图 7-22 所示。按 Ctrl+R 组合键，显示标尺，选择“视图”→“新建参考线”命令，在坐标点（250, 250）处创建水平和垂直参考线，如图 7-23 所示。

图 7-22

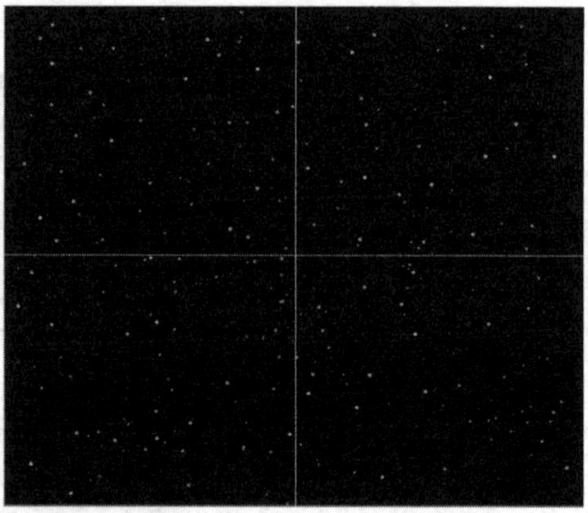

图 7-23

4）新建一个图层。选择“渐变工具”，按住 Shift 键从中心向外填充渐变色，一定要注意从中心向外拉，效果如图 7-24 所示。“图层模式”设置为“滤色”，如图 7-25 所示。

图 7-24

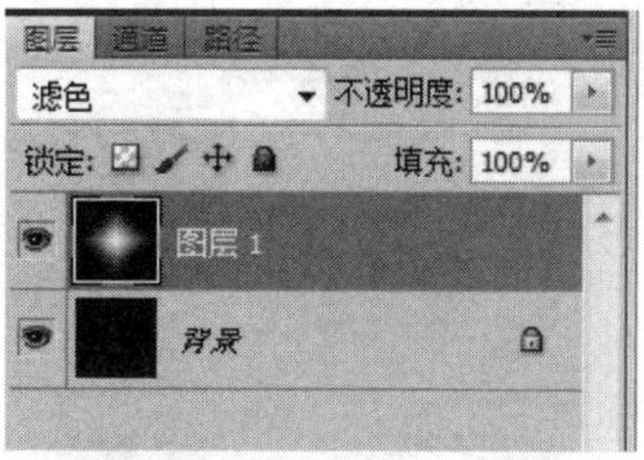

图 7-25

5）选择“滤镜”→“扭曲”→“旋转扭曲”命令，如图 7-26 所示。弹出“旋转扭曲”对话框，设置“角度”值为 444 度，如图 7-27 所示。效果如图 7-28 所示。

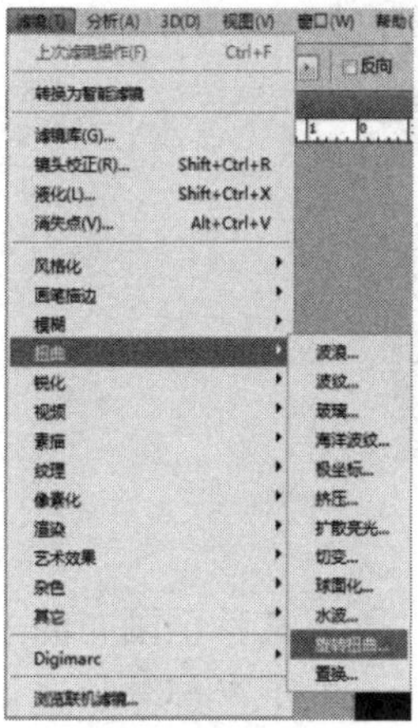

图 7-26

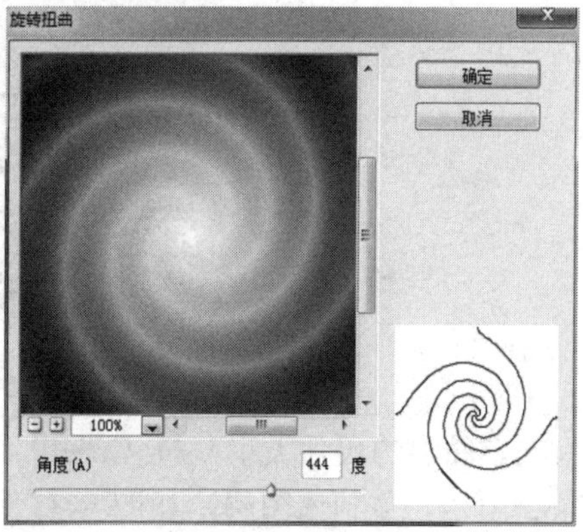

图 7-27

图 7-28

6）选择“滤镜”→“扭曲”→“极坐标”命令，如图 7-29 所示。弹出“极坐标”对话框，选择“极坐标到平面坐标”单选按钮，如图 7-30 所示。效果如图 7-31 所示。

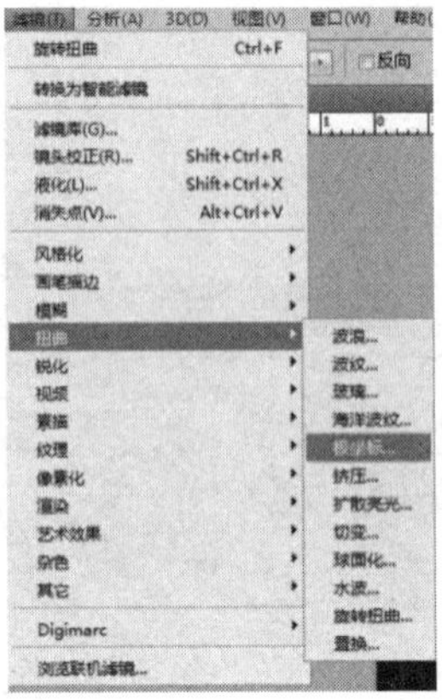

图 7-29

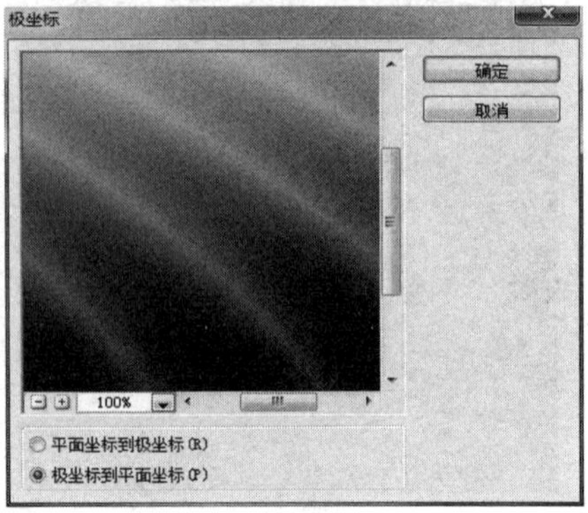

图 7-30

图 7-31

7）调整图层的尺寸大小，按 Ctrl+T 组合键进行变换，并将其移至画布的上半部分，如图 7-32 所示。复制该图层，如图 7-33 所示，将其移至画布的下半部分，选择“编辑”→“变换”→“垂直翻转”命令，将其垂直翻转，如图 7-34 所示。注意这 2 个图层一定要同参考线对齐，最后将这 2 个图层合并，如图 7-35 所示。

图 7-32

图 7-33

图 7-34

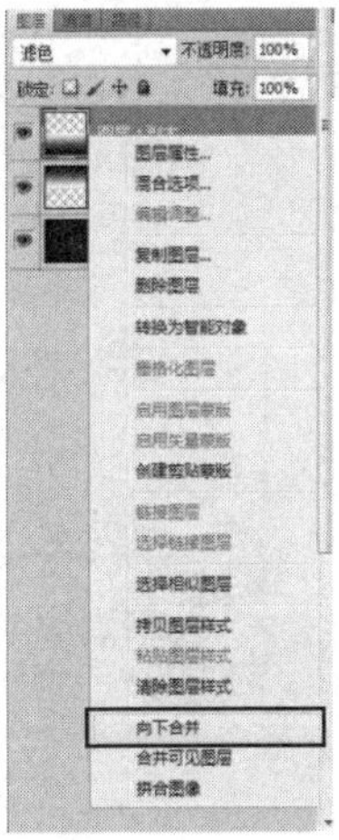

图 7-35

8）选择“滤镜”→“扭曲”→“极坐标”命令，如图 7-36 所示。弹出“极坐标”对话框，选择“平面坐标到极坐标”单选按钮，形成旋转效果，如图 7-37 所示。效果如图 7-38 所示。

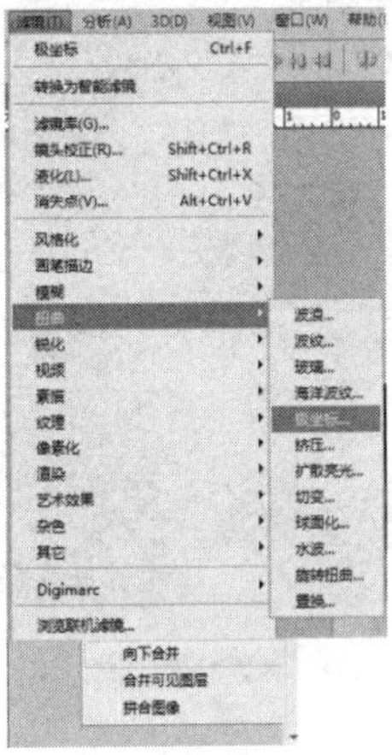

图 7-36

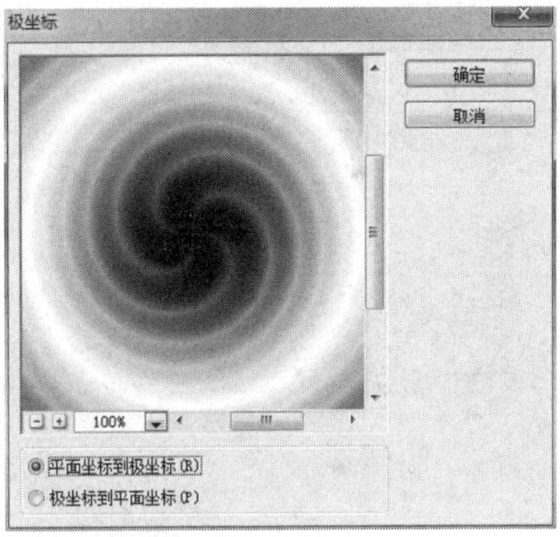

图 7-37

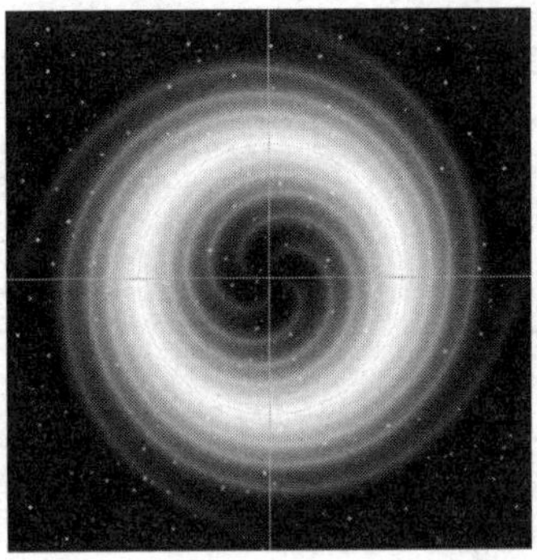

图 7-38

9）新建一个图层，如图 7-39 所示。为该图片添加一个彩虹渐变，如图 7-40 所示。将“图层模式”设置为“颜色”，如图 7-41 所示。制作出五彩斑斓的效果，如图 7-42 所示。

图 7-39

图 7-40

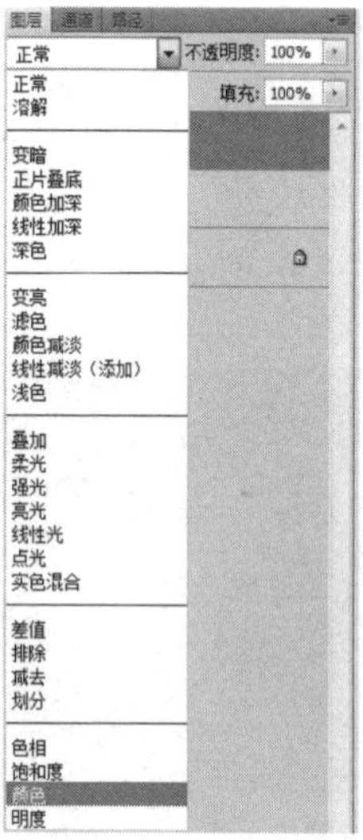

图 7-41

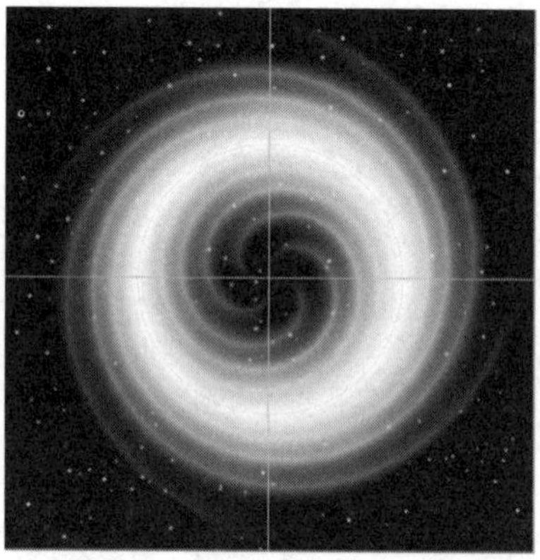

图 7-42

10）按 Ctrl+T 组合键对图层进行变换，调整成想要的样子，如图 7-43 所示。按 Ctrl+J 组合键复制 2 个图层，分别调整大小与位置，如图 7-44 所示。最终效果如图 7-45 所示。

图 7-43

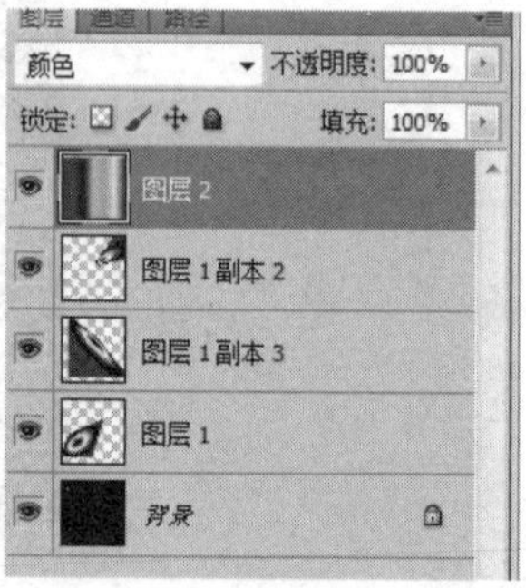

图 7-44

图 7-45

任务三　燃烧的文字

任务引入

小商和校校结伴去山上露营，夜晚点起篝火，聊着天，看着木头上跳跃的火苗，校校突发奇想，想用 Photoshop 制作出燃烧的文字，如图 7-46 所示。

图 7-46

任务分析

1. 火焰字有什么特点？
2. 火焰效果是如何实现的？

实现过程

1）新建一个“宽度”为 800 像素、“高度”为 600 像素、“颜色模式”为“RGB 颜色”、“名称”为“火焰字”的文件，如图 7-47 所示。按 Ctrl+Delete 组合键为背景填充黑色。

2）选择“文字工具”，在画布上输入“火焰字”文字，如图 7-48 所示。

3）右击“图层”面板上的“火焰字”图层，选择“栅格化文字”命令，将文字变成图层，如图 7-49 所示。

4）在“火焰字”图像上右击，在弹出的快捷菜单中选择“旋转 90 度（顺时针）”命令，如图 7-50 所示。效果如图 7-51 所示。

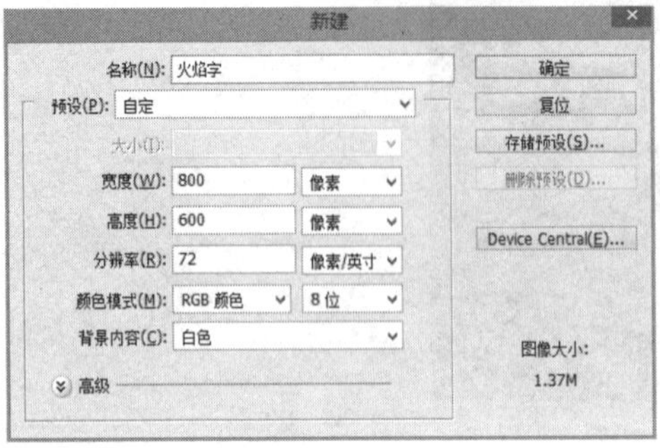

图 7-47

图 7-48

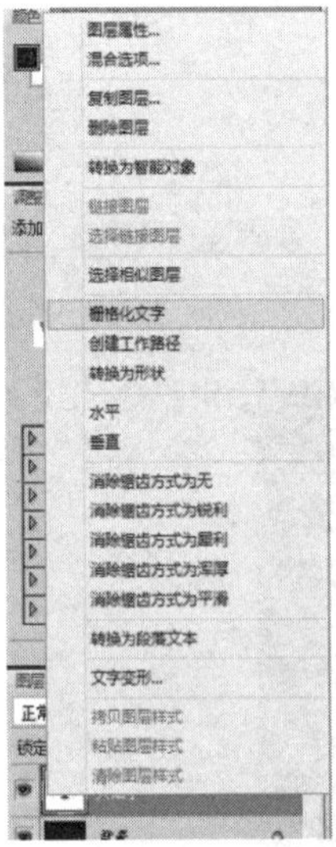

图 7-49

图 7-50

图 7-51

5）选择“滤镜”→“风格化”→“风”命令，如图 7-52 所示。弹出“风”对话框，“方法”设置为“风”，“方向”设置为“从左”，如图 7-53 所示。执行三四次这样的操作，可以按 Ctrl+F 组合键来执行上一次命令，如图 7-53 所示。效果如图 7-54 所示。

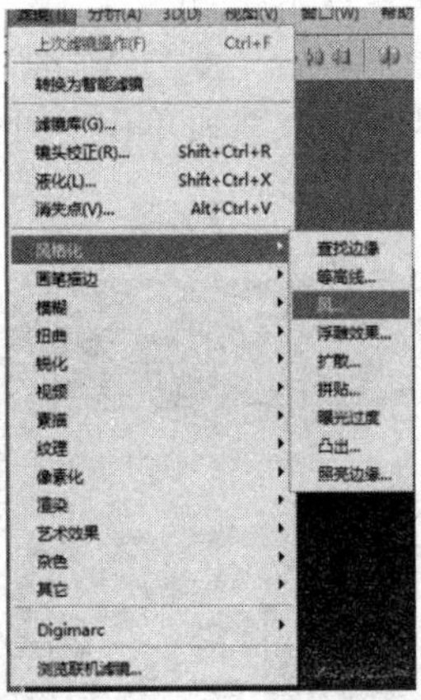

图 7-52

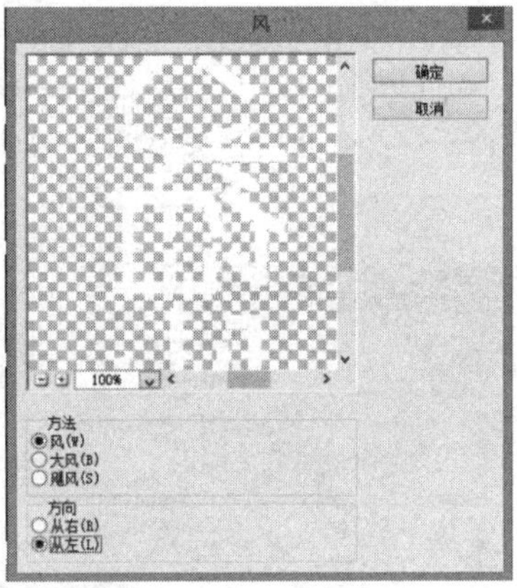

图 7-53

图 7-54

6）将“火焰字”图像逆时针旋转 90 度。选择“滤镜”→“扭曲”→“波纹”命令，如图 7-55 所示。弹出“波纹”对话框，“数量”设置为 65%，“大小”设置为“中”，如图 7-56 所示。

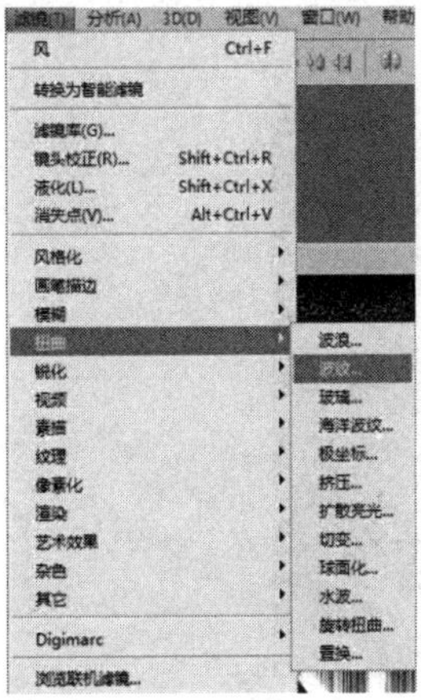

图 7-55

图 7-56

7）现在给文字添加颜色。选择“图像”→“模式”→“灰度”命令，将图片变灰，此时将会弹出提示对话框，从中单击“拼合”按钮，如图 7-57 和图 7-58 所示。选择“图像”→“模式”→“索引颜色”命令，再选择“图像”→“模式”→“颜色表”命令，如图 7-59 所示。弹出“颜色表”对话框，“颜色表”设置为“黑体”，然后单击“确定”按钮，如图 7-60 所示。至此，燃烧的文字效果就完成了，如图 7-61 所示。

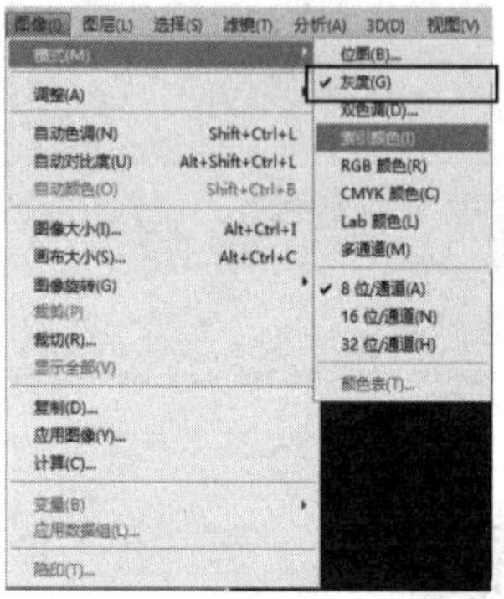

图 7-57

图 7-58

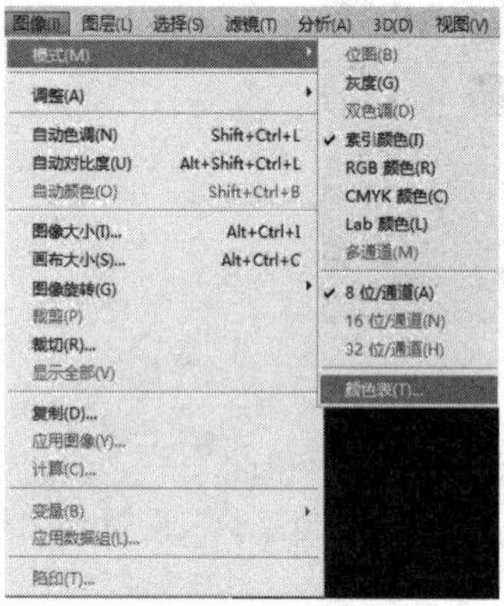

图 7-59

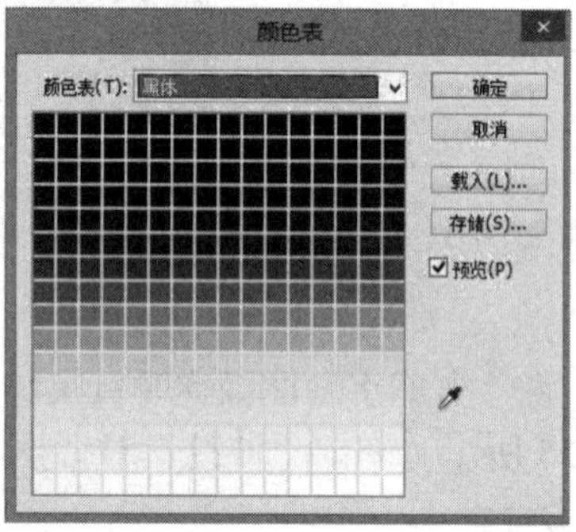

图 7-60

图 7-61

举一反三

一、制作水波纹（见图 7-62）

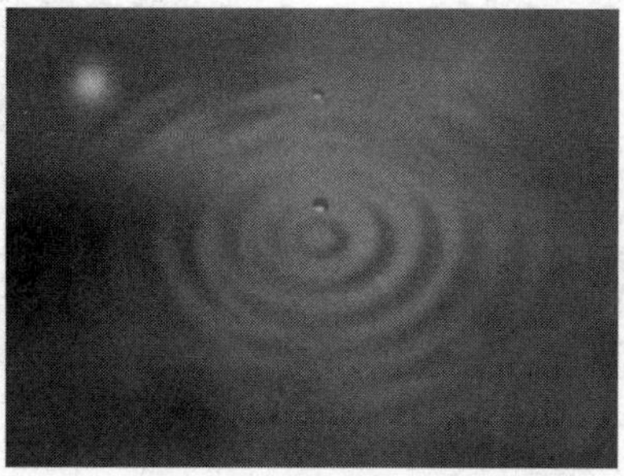

图 7-62

步骤分析图（见图 7-63 和图 7-64）

图 7-63

图 7-64

知识点提示

选择“滤镜”→“模糊”→“动感模糊”、“滤镜”→“扭曲”→“波浪”、“滤镜”→“扭曲”→“水波”、“滤镜”→“渲染”→“光照效果”、“滤镜”→“渲染”→“云彩”命令，新建图层，更改图层模式，使用“渐变工具”。

二、制作星空（见图 7-65）

图 7-65

步骤分析图（见图 7-66 至图 7-68）

图 7-66

图 7-67

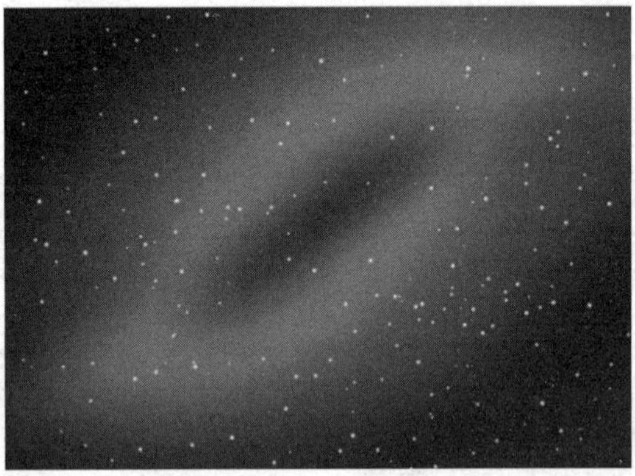

图 7-68

知识点提示

图形自由变换（Ctrl+T），使用“渐变工具”，选择“滤镜”→“扭曲”→“旋转扭曲”、“滤镜”→“扭曲”→“极坐标”命令。

三、制作冰冻字（见图 7-69）

图 7-69

步骤分析图（见图 7-70 和图 7-71）

图 7-70

图 7-71

知识点提示

选择“滤镜”→“像素化”→“碎片”、“滤镜”→“像素化”→“晶格化”命令，调整色相/饱和度，图形自由变换（Ctrl+T），选择“滤镜”→“风格化”→“风”、“滤镜”→“模糊”→“高斯模糊”、“滤镜”→“渲染”→“云彩”、“滤镜”→“素描”→“铬黄渐变”命令，调整色阶（Ctrl+I）。

课堂反馈

- 文字图层要转换成普通图层后，才可以进行编辑操作。
- 风滤镜中风吹的方向只能是从左边或是从右边，所以本模块中的案例为了达到火焰向上的效果，需要使用自由变换（Ctrl+T），将图像旋转 90 度，使用完滤镜后，再旋转回来。
- 按 Ctrl+F 组合键可以执行上一次滤镜操作。

课　堂　笔　记

课堂内容	知识掌握情况	需要帮助的地方
风格化		
像素化		
模糊		
扭曲		
极坐标		
你还掌握了哪些知识？		

模块八

成长的阶梯

小商和校校在 Photoshop 的奇妙世界里畅游了一圈，现在他们想把自己学到的知识综合应用起来，比一比看谁掌握得好。

第一阶梯　见习魔法师

任务一　挥棒球的小狗

知识链接

平面构成中点的作用。

1. 认识点

点在《辞海》中的解释是细小的痕迹。在几何学上，点只有位置；而在形态学中，点还具有大小、形状、色彩、肌理等造型元素；在自然界中，海边的沙石是点，落在玻璃窗上的雨滴是点，夜幕中的满天星星是点，空气中的尘埃也是点。

2. 点的表现

不同形态的点会呈现出不同的视觉特效。随着点的面积的增大，点的感觉也会减弱，如在高空中俯视街道上的行人，便有“点”的感觉，而当回到地面，“点”的感觉也就消失了。在画面空间中，一方面点具有很强的向心性，能形成视觉的焦点和画面的中心，显示了点的积极的一面；另一方面点也能使画面空间呈现出涣散、杂乱的状态，显示了点的消极性，这也是点在具体运用时值得注意的问题。点还具有显性与隐性的特征，隐性点存在于两线的相交处、线的顶端或末端等处。

3. 点的构成

① 有序的点的构成：这主要指点的形状、面积、位置或方向等诸因素，以规律化的形式排列构成，或者相同的重复，或者有序的渐变等。点往往通过疏与密的排列而构成空间中图形的表现需要，同时，丰富而有序的点构成，也会产生层次细腻的空间感，形成三次元。在构成中，点与点形成了整体的关系，其排列都与整体的空间相结合，于是，点的视觉趋向线与面，这是点的理性化构成方式。

② 自由的点的构成：这主要指点的形状与面积、位置或方向等诸因素，以自由化、非规律性的形式排列构成，这种构成往往会呈现出丰富的、平面的、涣散的视觉效果。如果以此表现空间中的局部，则能发挥其长处，如象征天空中的繁星或作为图形底纹层次的装

饰等。

在进行平面设计工作时，通常都会用到点的设计手法。

任务效果图（见图 8-1）

图 8-1

实现过程

1）启动 Photoshop CS5。按 Ctrl+N 组合键，弹出“新建”对话框，如图 8-2 所示。设置文件的尺寸、分辨率及色彩模式，然后单击“确定”按钮。

2）打开小狗图片，将该图片用“魔棒工具”选中，然后按 Ctrl+Shift+I 组合键反选，将图片拖动到新建的画布上。按 Ctrl+T 组合键变换选区，按住 Shift 键调整为适当大小，如图 8-3 所示。

3）选择“魔棒工具”，在工具选项栏中勾选“连续”复选框，设置“容差”为 32。单击图片中的黄色部分，将其替换成红色，如图 8-4 所示。

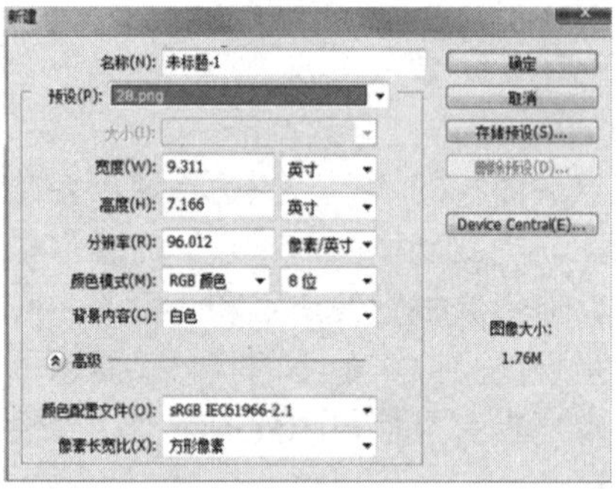

图 8-2

图 8-3

图 8-4

4）选择“多边形套索工具”，选择图片中的棒球棒，替换成如图 8-5 所示的颜色。换完后的效果如图 8-6 所示。

5）为背景填充如图 8-7 所示的颜色。在画布上画一个圆并填充如图 8-8 所示的颜色，完成的效果如图 8-9 所示。

6）在已绘制好的圆里再画一个圆。选择“渐变工具”，设置如图 8-10、图 8-11 所示的渐变色，在圆中填充渐变色，效果如图 8-12 所示。

7）多画几个圆，通过水平翻转、垂直翻转把图案调成合适的效果，分布在适当的位置，如图 8-13 所示。

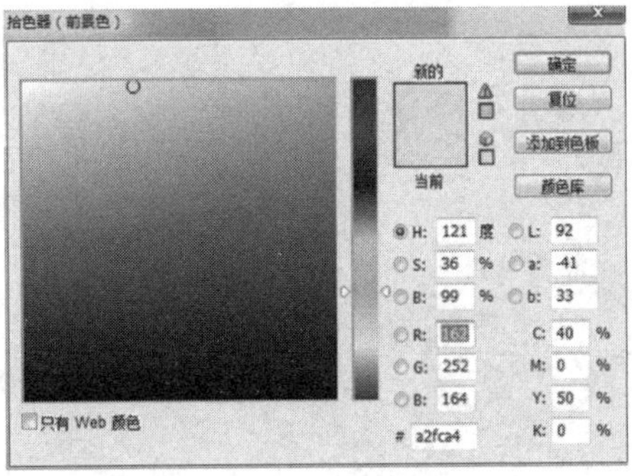

图 8-5

图 8-6

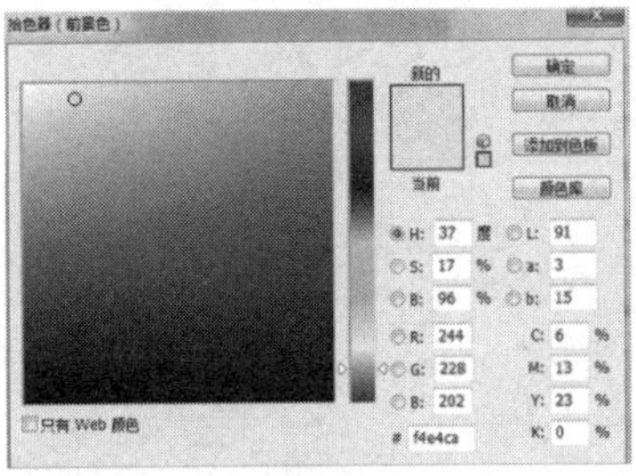

图 8-7

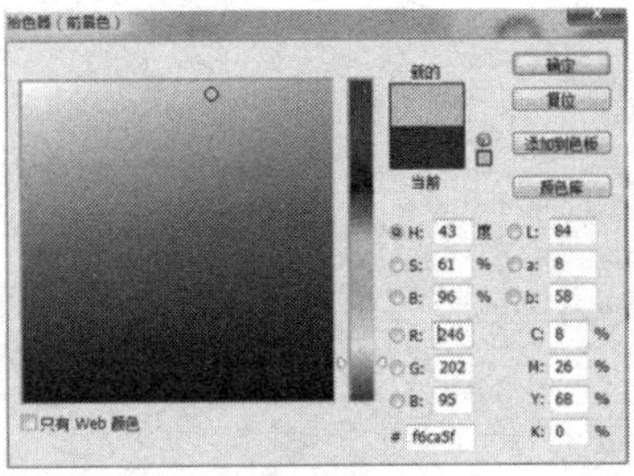

图 8-8

图 8-9

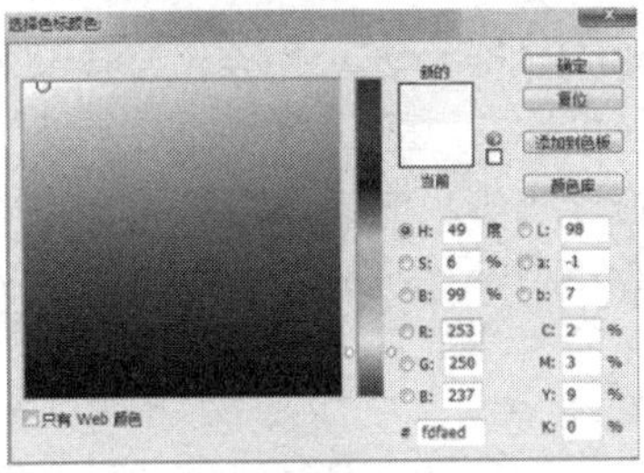

图 8-10

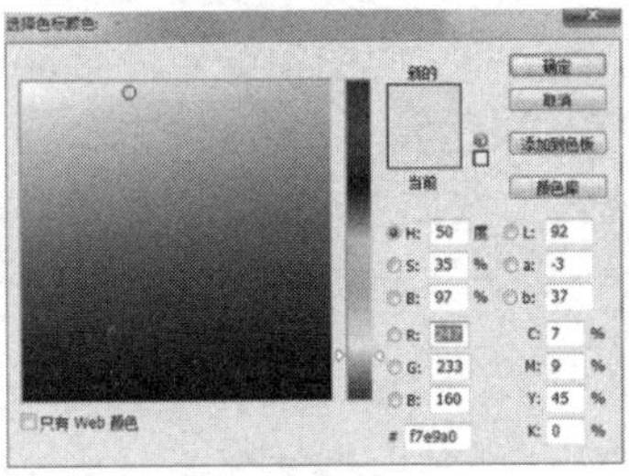

图 8-11

图 8-12

8）选择“椭圆选框工具”，画一个扁圆，如图 8-14 所示。使用“渐变工具”在扁圆中填充两侧透明的渐变色（见图 8-15），然后顺时针旋转 90 度（见图 8-16），扁圆变成十字形，将其摆放在适当的位置。最终完成效果如图 8-17 所示。

图 8-13

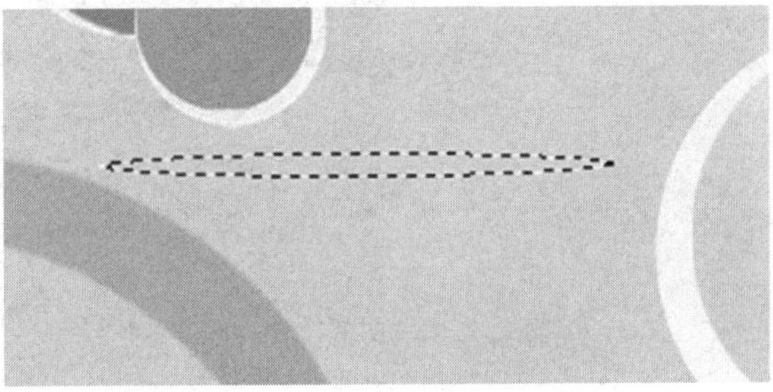

图 8-14

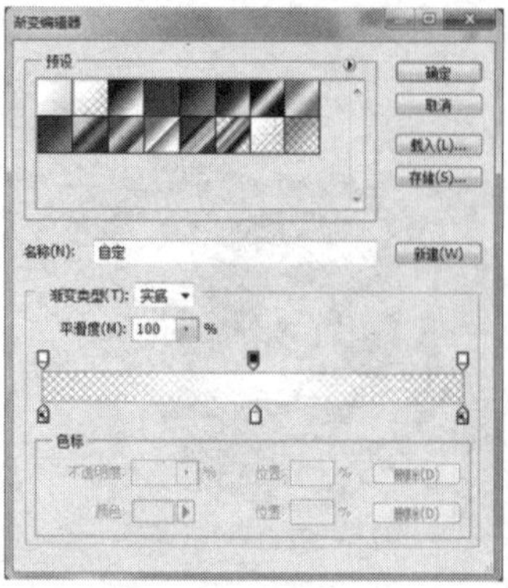

图 8-15

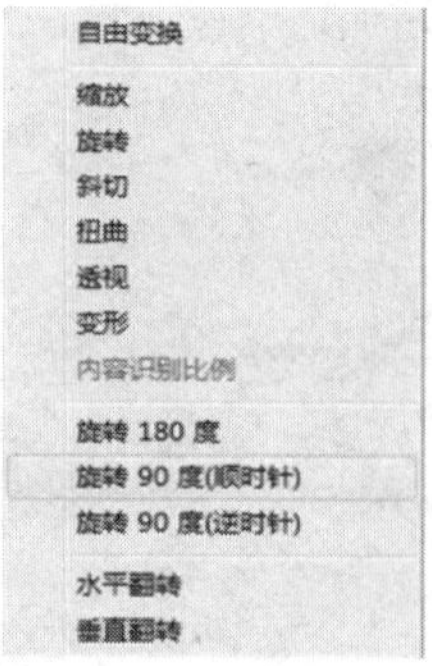

图 8-16

图 8-17

任务二　片片枫叶情

知识链接

平面构成中线的作用。

1. 认识线

线是点运动的轨迹，又是面运动的起点。线分为直线和曲线。

① 直线：包括平行线、垂直线、斜线、折线、虚线、锯齿线等。直线在《辞海》中的解释为，一点在平面上或空间上或者空间中沿一定（含反向）方向运动，所形成的轨迹是直线，通过两点只能引出一条直线。

② 曲线：包括弧线、抛物线、双曲线、圆、波纹线、蛇形线等。曲线在《辞海》中的解释为，在平面上或空间中因一定条件而变动方向的点轨迹。

2. 线的表现

线具有很强的概括性和表现性，是造型艺术的最基本语言。中国画中有“十八描”的种种线形变化，还有“骨法用笔”“笔断气连”等线形的韵味追求。学习绘画总是先从线开始入手，如速写、勾勒草图等。在造型中，线不仅是决定物象形态的轮廓线，还可以刻画和表现物体的内部结构，如用线勾勒花纹肌理等。

任务效果图（见图 8-18）

图 8-18

实现过程

1）启动 Photoshop CS5。按 Ctrl+N 组合键，弹出“新建”对话框，如图 8-19 所示。设置文件的尺寸、分辨率及色彩模式，然后单击“确定”按钮。

2）使用“渐变工具”为背景填充渐变色，然后使用“矩形选框工具”在底边绘制一个长方形选区，填充浅紫色，如图 8-20 所示。

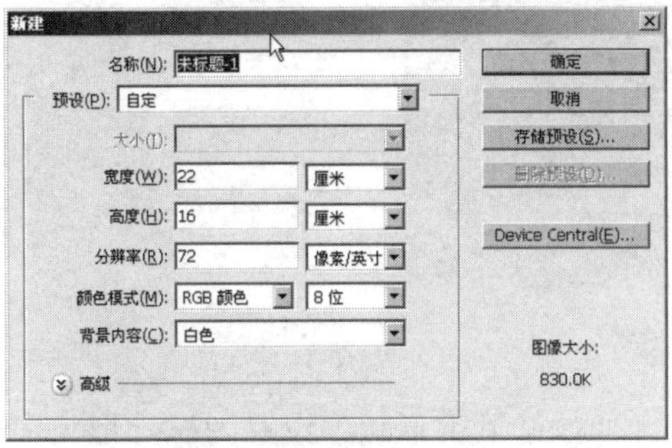

图 8-19

图 8-20

3）使用“矩形选框工具”绘制一个小矩形，如图 8-21 所示。然后按住 Alt 键将矩形从中间分割开，如图 8-22 所示。再使用“渐变工具”，为小矩形填充渐变色，如图 8-23 所示。

图 8-21

图 8-22

图 8-23

4）按 Ctrl+J 组合键复制图层，按 Ctrl+T 组合键对图形进行自由变换，把图形移动至如图 8-24 所示的位置。按 Ctrl+Shift+Alt+T 组合键重复并应用上一次自由变换操作，完成效果如图 8-25 所示。

图 8-24

图 8-25

5）将准备好的图片素材利用“移动工具”拖入画布中并调整为适当大小，如图 8-26 所示。

图 8-26

6）选择“画笔工具”，在“画笔”面板中将“画笔笔尖形状”设置为枫叶形状，然后按图 8-27 和图 8-28 所示设置画笔的形状动态和散布选项。

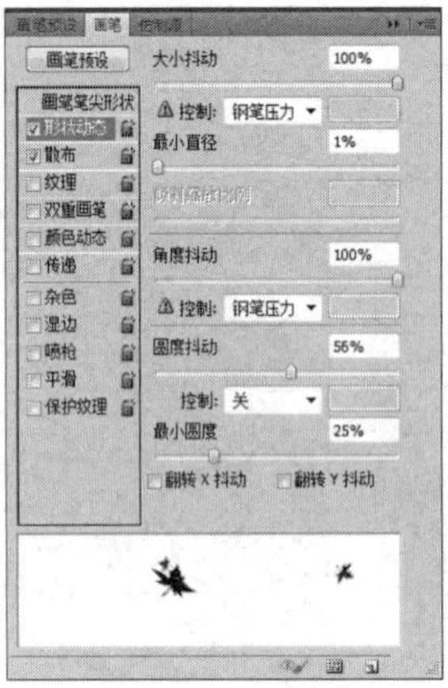

图 8-27

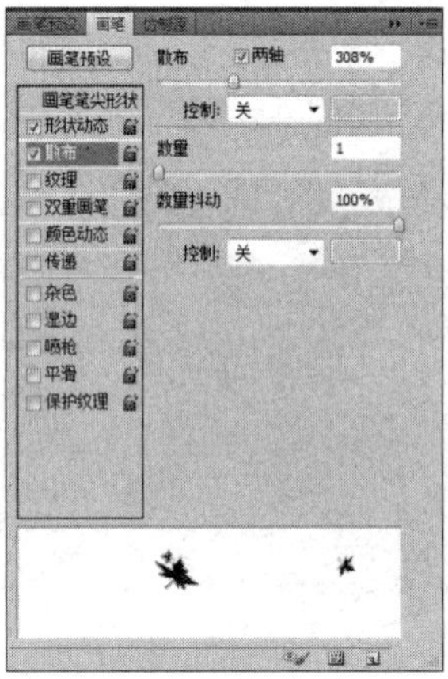

图 8-28

7）使用“画笔工具”在画布上随意绘制，最终完成的效果如图 8-29 所示。

图 8-29

任务三 珍宝斋名片

知识链接

平面构成中面的作用。

1. 认识面

点的轨迹形成线，一条封闭的线形成面。密集的点和线同样也能形成面。在形态学中，面同样具有大小、形状、色彩、肌理等造型元素，同时面又是“形象”的呈现，因此面即是“形”。

2. 面的种类

面通常可划分为以下 4 类。

① 几何形：也可称无机形，是由直线或曲线相结合形成的面，如正方形、三角形、梯形、菱形、圆形、五角形等，具有数理性的简洁、明快、冷静和秩序感，被广泛地运用在建筑、器物等造型设计中。

② 有机形：这是一种有机体的形态，富有自然发展，亦具有秩序感和规律性，具有生命的韵律和纯朴的视觉特征，如自然界的鹅卵石、枫树叶、生物细胞、瓜果外形，以及人的眼睛外形等都是有机形。

③ 偶然形：这是指自然或人为偶然形成的形态，如随意泼洒、滴落的墨迹或水迹，树叶上的虫眼等，具有一种不可重复的意外性和生动感。

④ 不规则形：这指人为创造的自由形态，可随意地运用各种自由的、徒手的线性构成形态，具有很强的造型特征和鲜明的个性。

3. 面的表现

在二维范畴中，面的表现是最丰富的，画面往往随面（形象）的形状、虚实、大小、位置、色彩、肌理等变化而形成复杂的造型世界，它是造型风格的具体体现。

在面中最具代表性的直面与曲面的表现是不同的。直面（一切由直线所形成的面）具有稳重、刚毅的特征，而曲面（一切由曲线所形成的面）具有动态、柔和的特征。

任务效果图（见图 8-30）

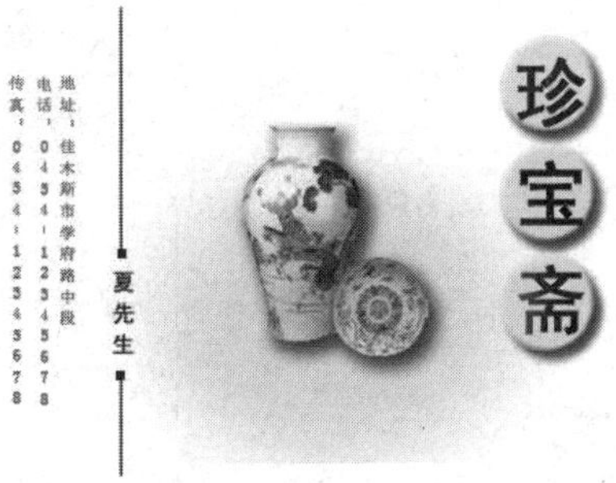

图 8-30

实现过程

1）启动 Photoshop CS5。按 Ctrl+N 组合键，弹出“新建”对话框，如图 8-31 所示。设置文件的尺寸、分辨率及色彩模式，然后单击“确定”按钮。

2）将花瓶图片移动到当前画布中，生成新图层，然后调整该图片的位置，如图 8-32 所示。

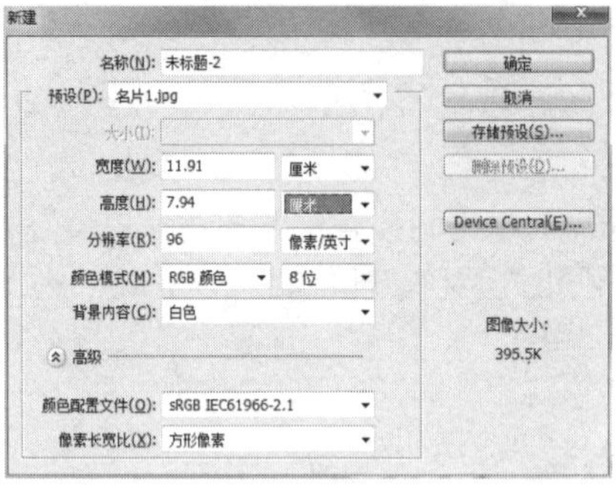

图 8-31

图 8-32

3）选择花瓶图层，单击“图层”面板底部的“添加图层样式”→“投影”命令，对其相关参数进行设置，如图 8-33 所示。给花瓶添加投影，效果如图 8-34 所示。

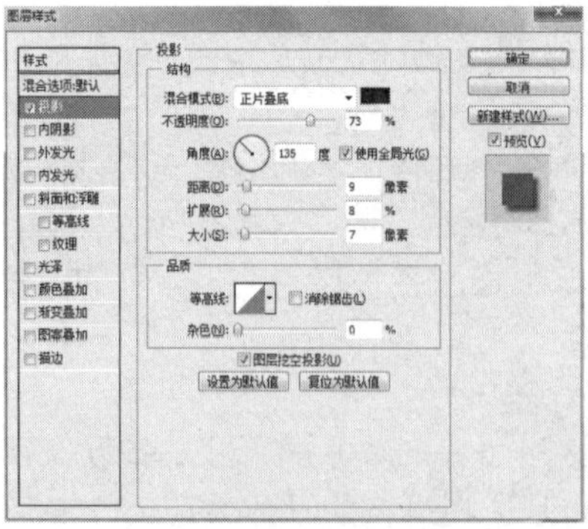

图 8-33

图 8-34

4）选择“椭圆选框工具”，画个圆并添充灰色，如图 8-35 所示。为其添加投影、斜面和浮雕样式，参数设置如图 8-36 和图 8-37 所示。再复制 2 个圆。

图 8-35

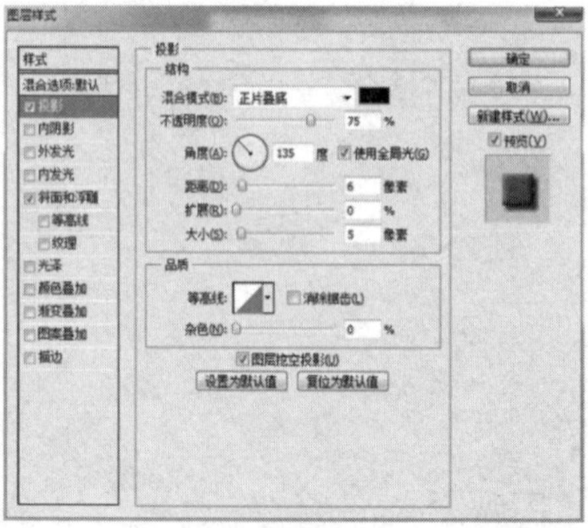

图 8-36

5）选择“矩形选框工具”，按住 Shift+Alt 组合键绘制 2 个小正方形，都填充黑色。再选择“画笔工具”，按住 Shift 键绘制 2 条直线，效果如图 8-38 所示。

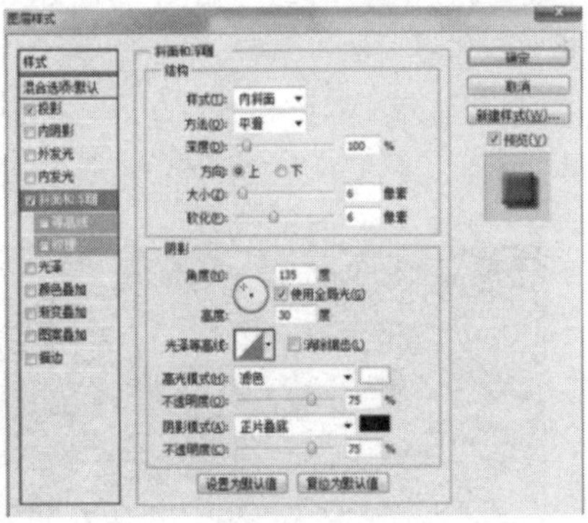

图 8-37

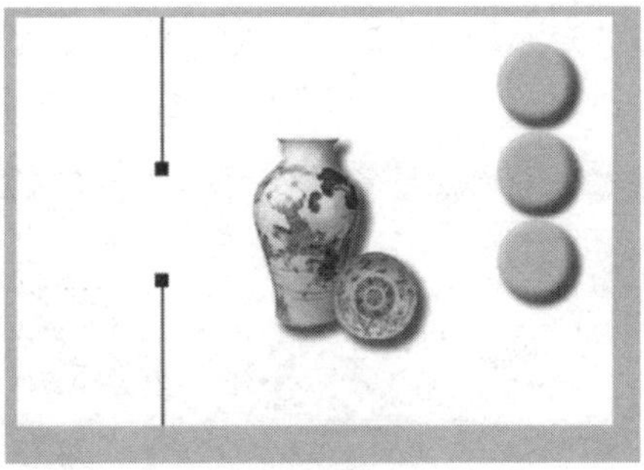

图 8-38

6）选择“文字工具”，输入文字。最终完成的效果如图 8-39 所示。

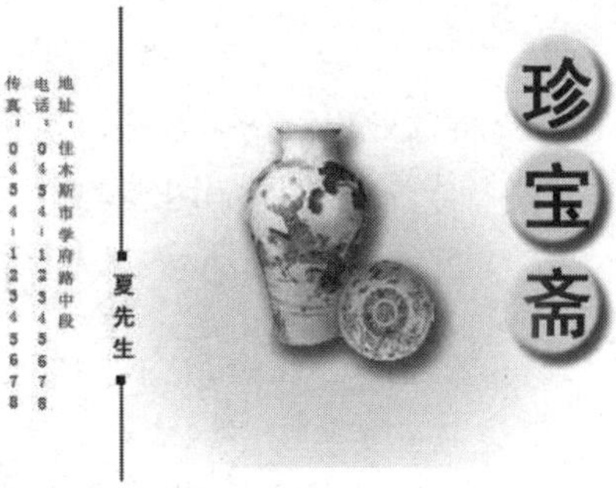

图 8-39

第二阶梯　初级魔法师

任务一　彩虹台历

任务效果图（见图 8-40）

图 8-40

实现过程

1）启动 Photoshop CS5，按 Ctrl+N 组合键，弹出“新建”对话框，如图 8-41 所示。设置文件的尺寸、分辨率及色彩模式，单击“确定”按钮。

2）先添加一个背景颜色，然后使用“矩形选框工具”在底部画一个长方形，如图 8-42 所示。使用“钢笔工具”绘制紫色的花边，如图 8-43 所示。

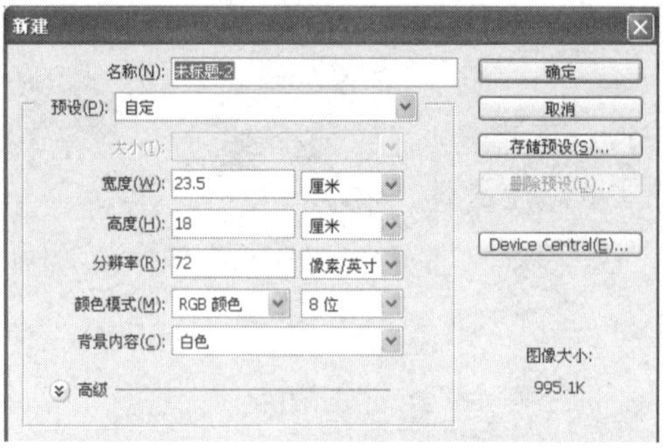

图 8-41

图 8-42

3）选择“画笔工具”并选择“特殊效果画笔”命令（见图 8-44），在画布的适当位置进行绘制。使用“多边形工具”进行绘制，设置如图 8-45 所示，绘制效果如图 8-46 所示。

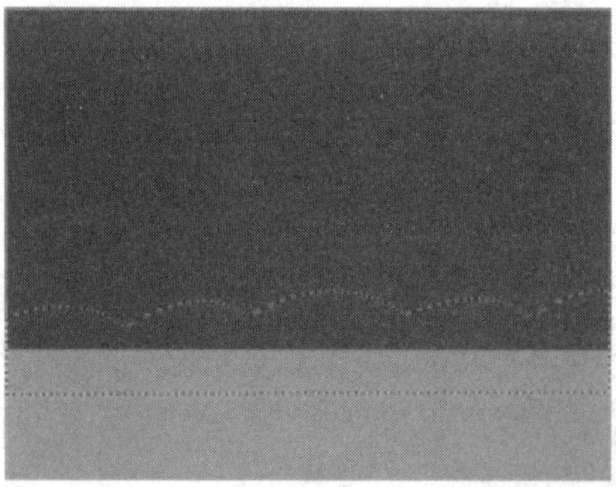

图 8-43

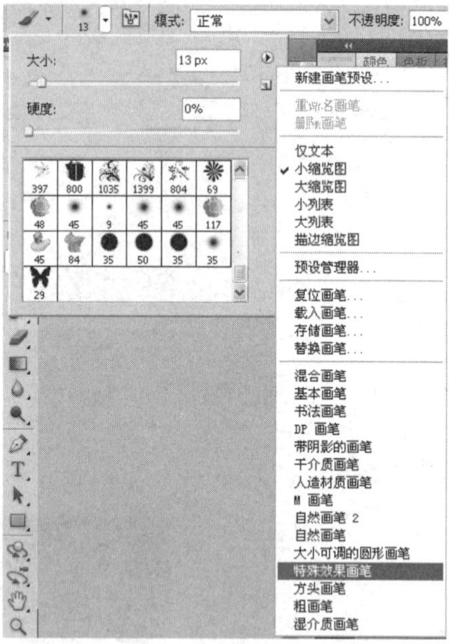

图 8-44

4）使用“椭圆选框工具”和“钢笔工具”绘制一个小树，如图 8-47 所示。然后多复制几个小树。

5）选择“自定义形状工具”，选择桃心形状并绘制，然后使用“自由变换工具”顺时针旋转 90 度，如图 8-48 和图 8-49 所示。然后复制桃心并更换一种颜色，使用“自由变换工具”旋转一下。使用“画笔工具”，绘制小昆虫的眼睛、嘴巴和触角，如图 8-50 所示。

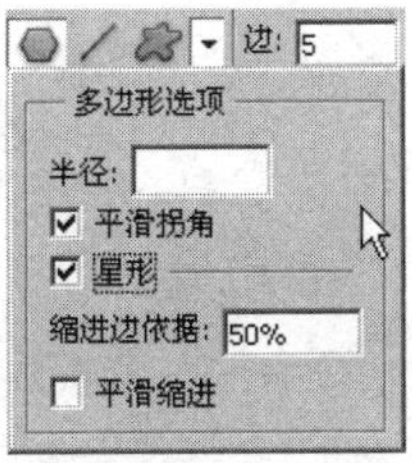

图 8-45

图 8-46

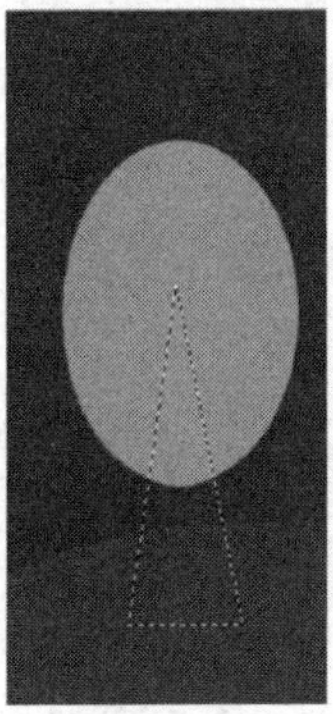

图 8-47

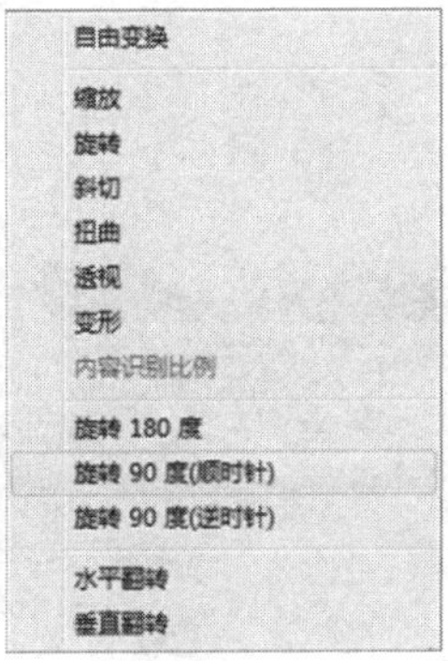

图 8-48

图 8-49

图 8-50

6）使用“自定义形状工具”，绘制云彩，给云彩添加彩虹效果，如图 8-51 所示。

7）使用“文字工具”输入日历的日期内容，如图 8-52 所示。

图 8-51

图 8-52

8）再次使用“文字工具”，输入数字“2015”，单击“创建文字变形”按钮，在弹出的“变形文字”对话框中进行参数设置，如图 8-53 所示。为文字添加“描边”和“外发光”图层样式，参数设置如图 8-54 和图 8-55 所示。

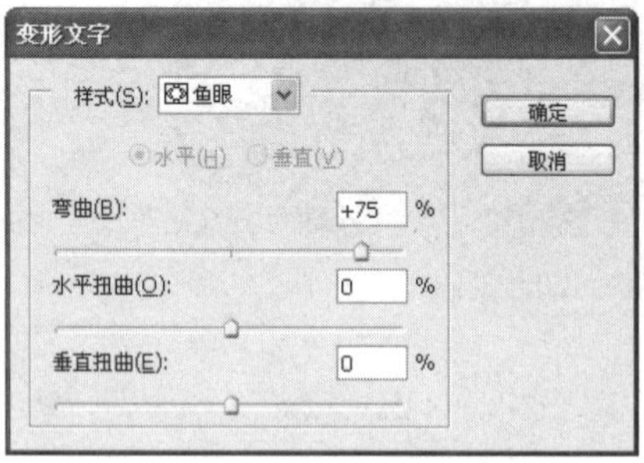

图 8-53

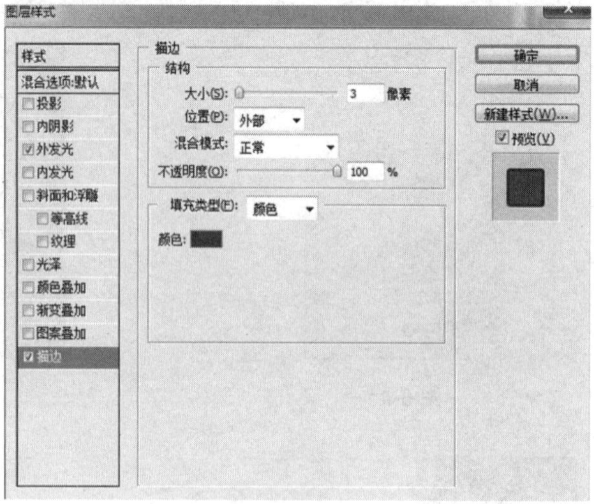

图 8-54

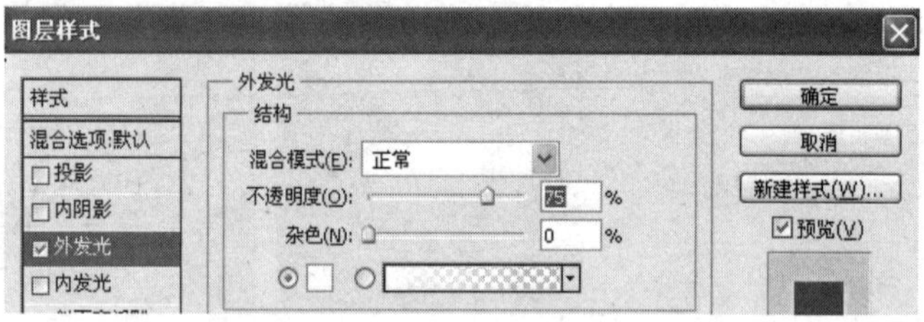

图 8-55

9）最终完成的效果如图 8-56 所示。

图 8-56

任务二　光盘封面

任务效果图（见图 8-57）

图 8-57

实现过程

1）启动 Photoshop CS5。按 Ctrl+N 组合键，弹出“新建”对话框，如图 8-58 所示。设置文件的尺寸、分辨率及色彩模式，然后单击“确定”按钮。

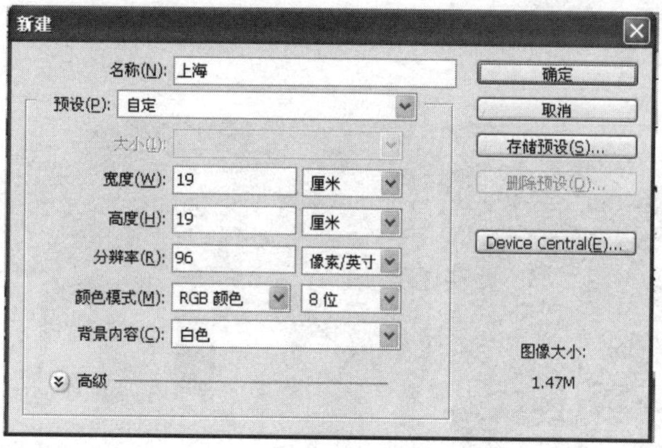

图 8-58

2）打开东方明珠图片，将该图片移动到当前画布中，自动生成“图层 1”，然后调整该图层的位置，如图 8-59 所示。

3）使用“矩形选框工具”把素材下面的字删除。选择“通道”面板，复制蓝色通道，如图 8-60 所示。按 Ctrl+L 组合键，弹出“色阶”对话框，按图 8-61 所示进行参数设置。按 Ctrl +I 组合键进行反相，效果如图 8-62 所示。

图 8-59

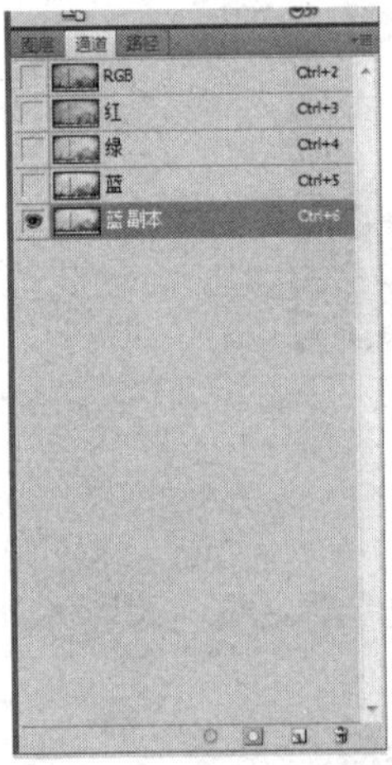

图 8-60

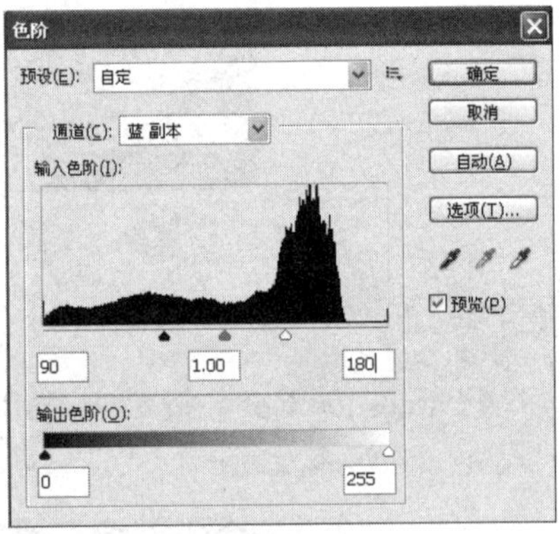

图 8-61

图 8-62

4）使用“画笔工具”把要选择的地方涂成白色，不需要的地方涂成黑色，如图 8-63 所示。

5）按住 Ctrl 键的同时单击复制的蓝色通道，如图 8-64 所示。

6）按 Shift+Ctrl+Alt+B 组合键，在弹出的“黑白”对话框中进行参数设置，把图片变成黑白的，如图 8-65 所示。

图 8-63

图 8-64

图 8-65

7）使用“椭圆选框工具”绘制一个圆，如图 8-66 所示。按 Ctrl+Shift+I 组合键进行反选，如图 8-67 所示。为背景填充黑色，如图 8-68 所示。

8）使用“钢笔工具”绘制光束的形状，以制作发光的效果，然后复制一个光束，按 Ctrl+T 组合键进行旋转，如图 8-69 所示。按 Ctrl+Alt+Shift+T 组合键，重复前面的变换和复制操作，效果如图 8-70 所示。

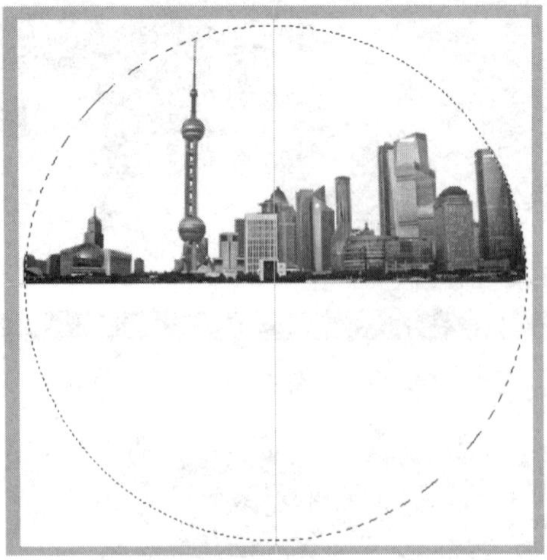

图 8-66

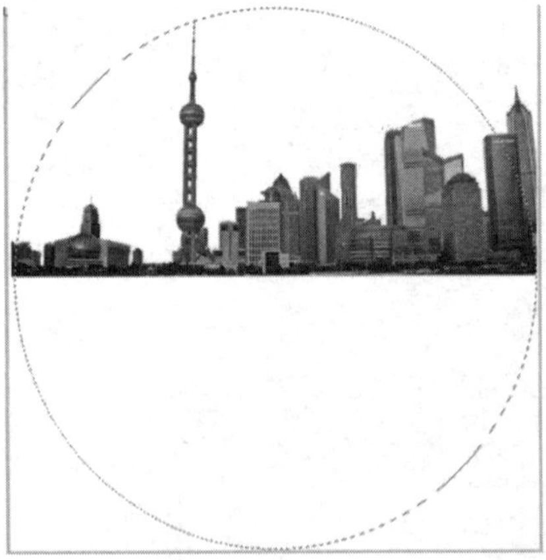

图 8-67

图 8-68

图 8-69

图 8-70

9）最后使用“文字工具”添加文字。最终完成的效果如图 8-71 所示。

City Of Dreams
ShangHai
The first city in China
International economy center
Intertional Financial Center
International Trade Centre
International shipping center

图 8-71

任务三　企业宣传海报

任务效果图（见图 8-72）

尼康
影像／从心
Nikon
满载精彩
欢迎！
试拍体验
总有尼康
全国117个城市，满载尼康多款数码单反相机和尼克尔镜头的
影像动力车将来到您所在的城市。
■ 2014.6.22 10:00-18:00
■ 中山路中国银行门前广场
一起体验尼康产品和模特拍摄的乐趣吧。
详情请进店咨询，或访问活动网站 www.nikon.com.cn/microsite/caravan2014/index.html
佳木斯峰源照相器材商行
中山路48号（老秋林北100米唐人中心售楼处右侧） 0454-8686024 8686629

图 8-72

实现过程

1）启动 Photoshop CS5。选择“文件”→“新建”命令，弹出“新建”对话框，设置

“名称”为“尼康相机+姓名”，设置“宽度”为 2551、单位为“像素”，设置“高度”为 3437、单位为“像素”，“分辨率”默认设置为 72 像素/英寸，如图 8-73 所示。

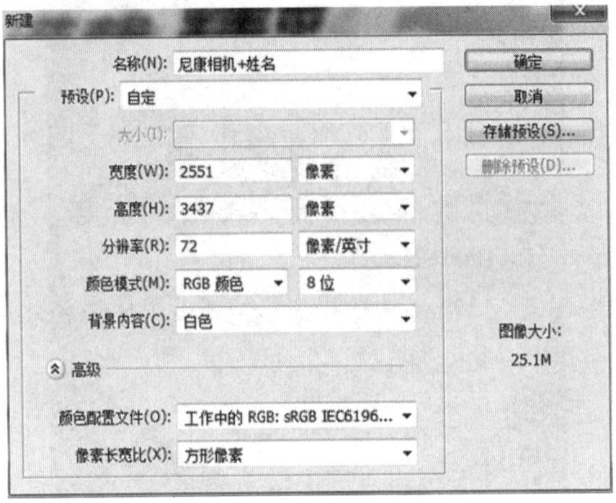

图 8-73

2）按 Alt+Delete 组合键，进行前景色填充。

3）抠取大卡车图形，并将其复制到当前画布中。

4）使用“文字工具”在画布上部输入文字。

5）使用“钢笔工具”绘制一个气泡对话框，如图 8-74 所示。

6）使用“矩形选框工具”在画布的下半部分绘制矩形框，如图 8-75 所示。

图 8-74

图 8-75

7）选择“编辑”→“描边”命令，在弹出的“描边”对话框中进行参数设置，为矩形框描边，如图 8-76 所示。使用“渐变工具”中的对称渐变类型为矩形框填充颜色。

8）使用“钢笔工具”绘制边线。

9）复制卡车图层，按 Ctrl+T 组合键翻转至适合位置，制作卡车的倒影。最终完成的效果如图 8-77 所示。

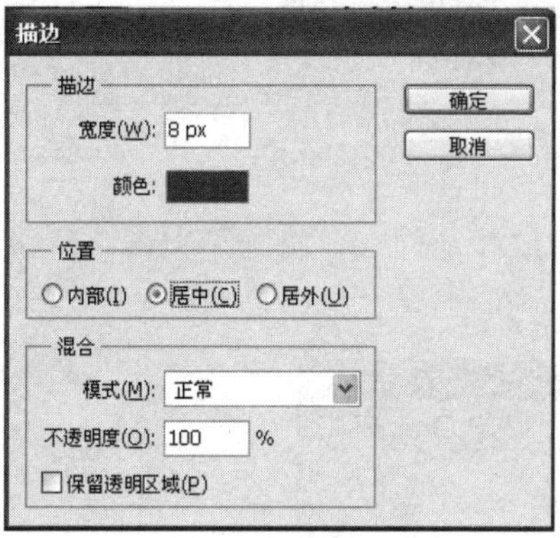

图 8-76

图 8-77

第三阶梯　中级魔法师

任务一　玫瑰花相框

任务效果图（见图 8-78）

图 8-78

实现过程

1）启动 Photoshop CS5。按 Ctrl+N 组合键，新建一个文件。

2）使用“矩形选框工具”在画布的中间画一个矩形，如图 8-79 所示。打开“拾色器”

对话框，为其填充粉色，如图 8-80 所示。

图 8-79

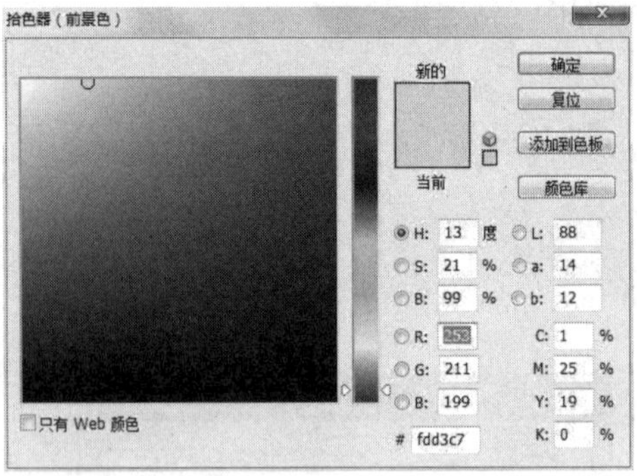

图 8-80

3）打开“画笔”面板，载入如图 8-81 所示的花纹画笔样式，将画笔大小调整到适合的尺寸，在画布上单击绘制花纹图案。

图 8-81

4）按 Ctrl+J 组合键复制当前图层。按 Ctrl+T 组合键进行水平翻转，效果如图 8-82 所示。

5）再复制几个花纹图案，如图 8-83 所示。然后复制整组图案并按 Ctrl+T 组合键进行垂直翻转，并放置到合适的位置。

图 8-82

图 8-83

6）选择“钢笔工具”绘制拱形，如图 8-84 所示。调整为合适大小后，复制拱形，使用“自由变换工具”移动到合适位置。按 Ctrl+Shift+Alt+T 组合键，重复前面的变换和复制操作，效果如图 8-85 所示。

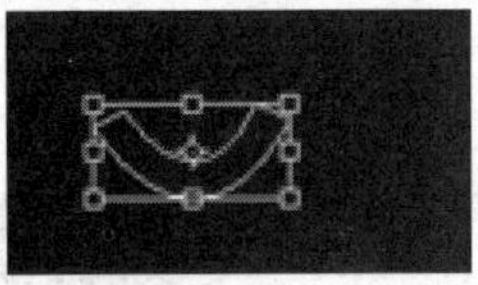

图 8-84

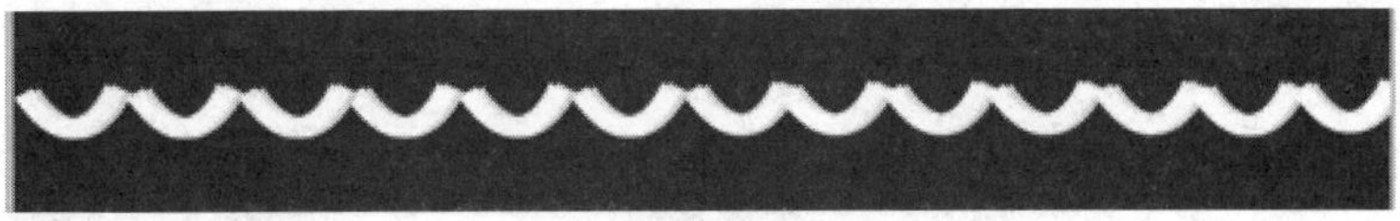

图 8-85

7）复制图 8-85 所示的图层组，按 Ctrl+T 组合键进行垂直翻转，并将 2 个图层组分别放在矩形的上下两侧，如图 8-86 所示。

图 8-86

8）使用“椭圆选框工具”在画布中间绘制一个大圆，并为其填充白色。右击该图层，在弹出的快捷菜单中选择“混合选项”命令，如图 8-87 所示。在“图层样式”对话框中设置“描边”，如图 8-88 所示。描边效果如图 8-89 所示。

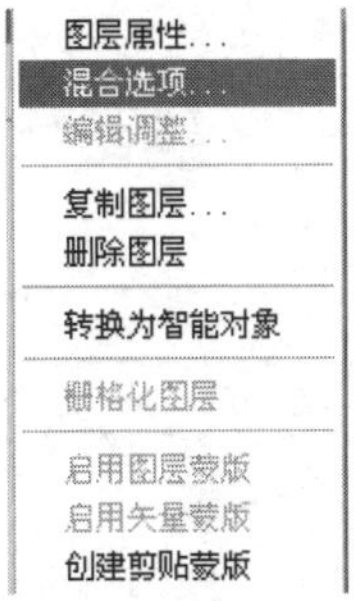

图 8-87

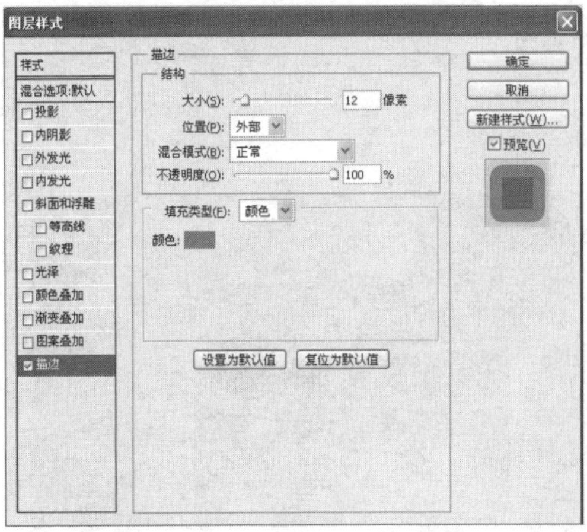

图 8-88

图 8-89

9）按前面的操作方法制作拱形，放置到圆上，如图 8-90 所示。

10）按 Ctrl+J 组合键复制图层，再按 Ctrl+T 组合键进行旋转变换，确定好旋转的中心点，进行旋转操作，如图 8-91 所示。按 Ctrl+Shift+Alt+T 组合键重复前面的变换和复制操作，效果如图 8-92 所示。

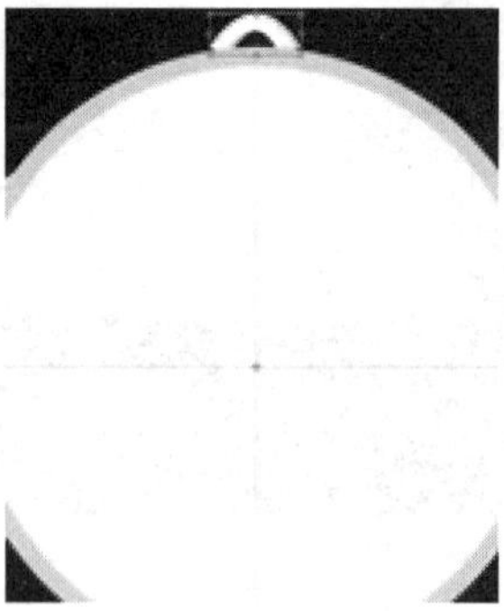

图 8-90

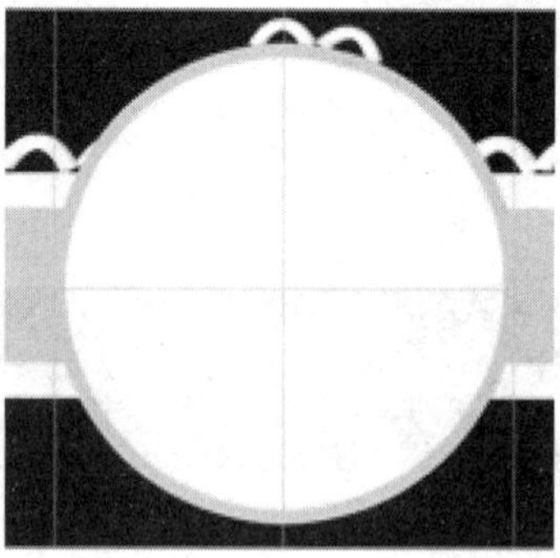

图 8-91

图 8-92

11）最后把背景填充为淡粉色，如图 8-93 所示。最终完成的效果如图 8-94 所示。

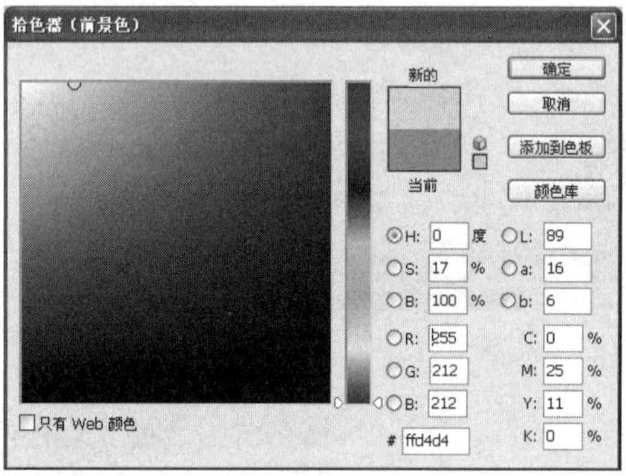

图 8-93

图 8-94

任务二　透明渐进相框

任务效果图（见图 8-95）

图 8-95

实现过程

1）启动 Photoshop CS5。选择“文件”→“新建”命令，弹出“新建”对话框，设置“名称”为“今生只为你”，设置“宽度”为 765、单位为“像素”，设置“高度”为 567、单位为“像素”，“分辨率”默认设置为 72 像素/英寸，如图 8-96 所示。

2）按 Ctrl+Shift+N 组合键，新建一个图层，如图 8-97 所示。

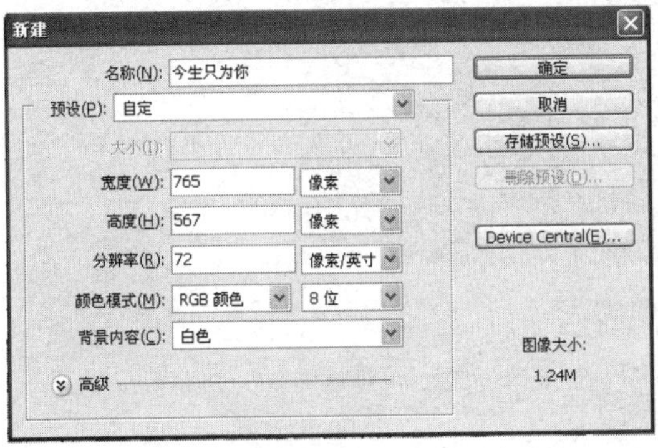

图 8-96

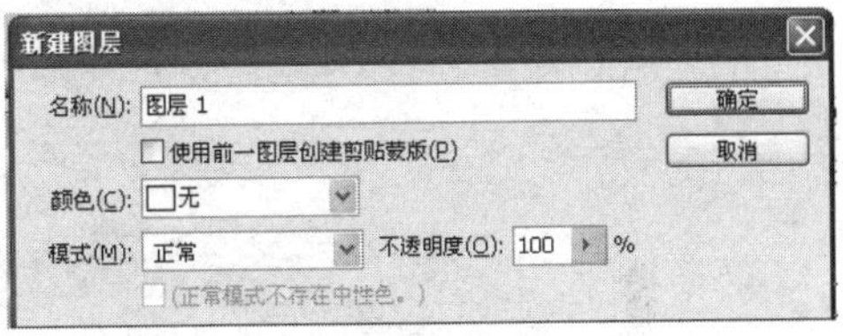

图 8-97

3）选择“渐变工具”，单击工具选项栏中的渐变条，打开“渐变编辑器”窗口，如图 8-98 所示。

4）双击渐变编辑器上的色标块，指定渐变色，如图 8-99 所示。

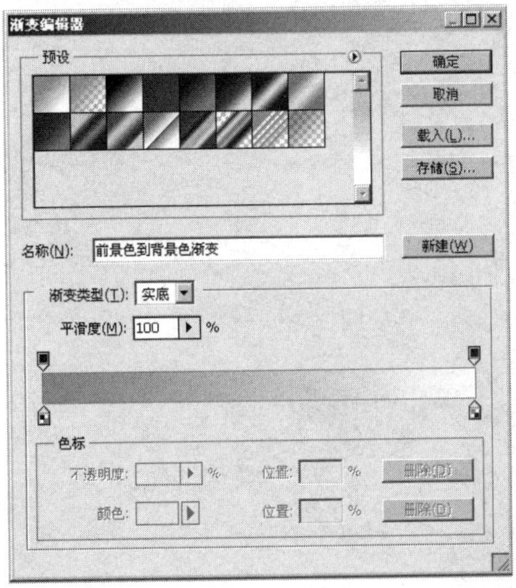

图 8-98

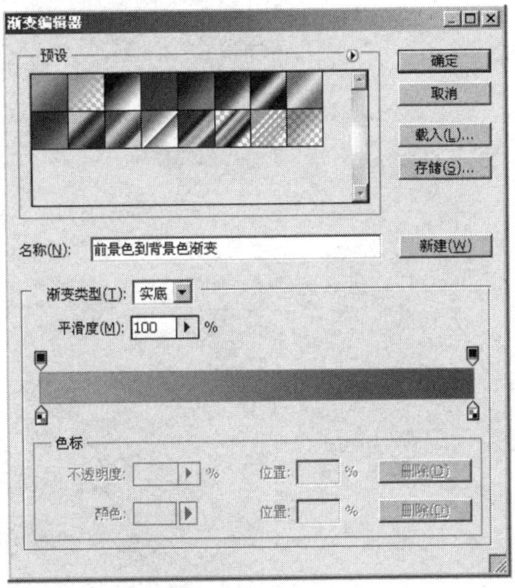

图 8-99

5）在画布上从右上角向左下角拖动，填充渐变色，如图 8-100 所示。

6）打开照片图片，按 Ctrl+A 组合键全选，如图 8-101 所示。

7）使用“移动工具”将图片拖动至“今生只为你”画布上，如图 8-102 所示。

8）选择“图层”面板底部的“添加图层样式”→“描边”命令，对其相关参数进行设置，如图 8-103 所示。

图 8-100

图 8-101

图 8-102

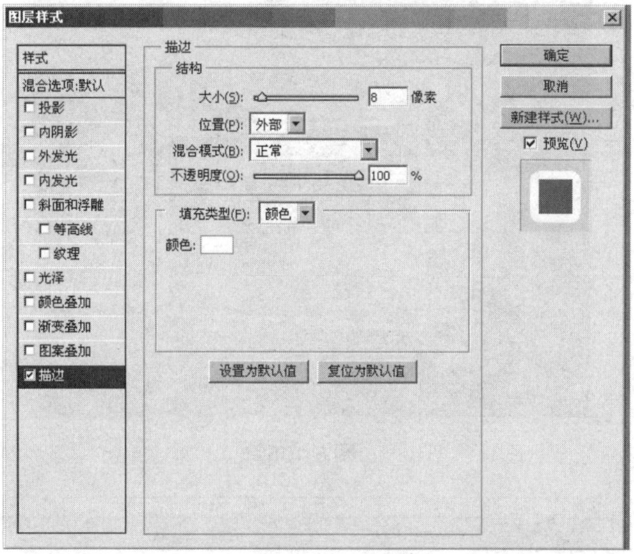

图 8-103

9）按 Ctrl+T 组合键进行自由变换，效果如图 8-104 所示。

图 8-104

10）按 Ctrl+J 组合键，复制 2 个图层副本，设置为合适大小，并放置在适当位置，分别设置图层的不透明度，效果如图 8-105 所示。

11）使用“椭圆选框工具”绘制一个大的椭圆选区，移动到画布左下角，如图 8-106 所示。

12）为椭圆选区描边，宽度设置为 3 px。

13）将描边图层移至照片图层下，并复制 2 次，效果如图 8-107 所示。

14）选择“画笔工具”或按 B 键，然后单击“画笔工具”属性栏中“大小”选项右侧的按钮，在弹出的下拉菜单中选择“特殊效果画笔”命令，如图 8-108 所示。

图 8-105

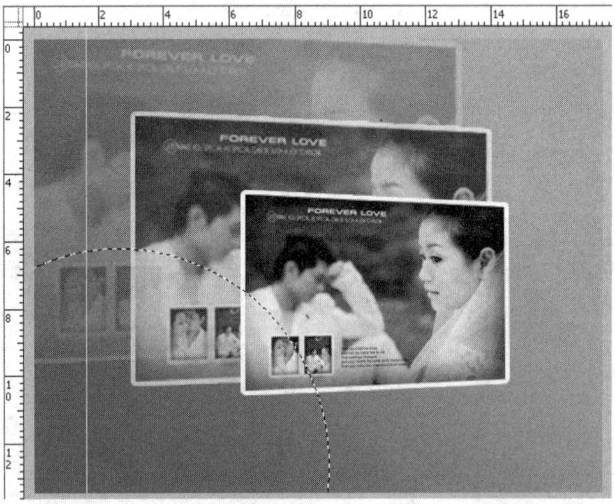

图 8-106

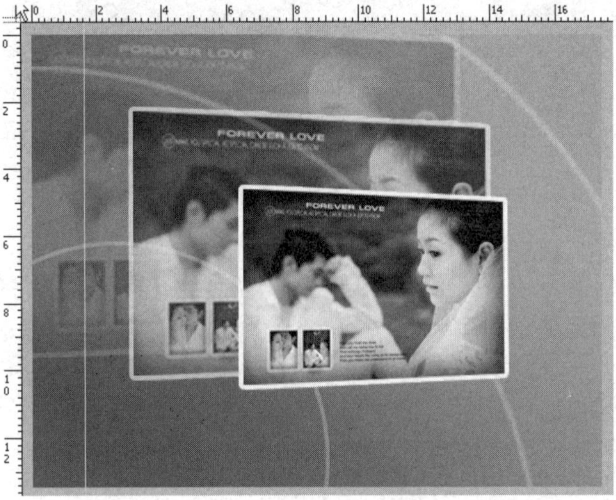

图 8-107

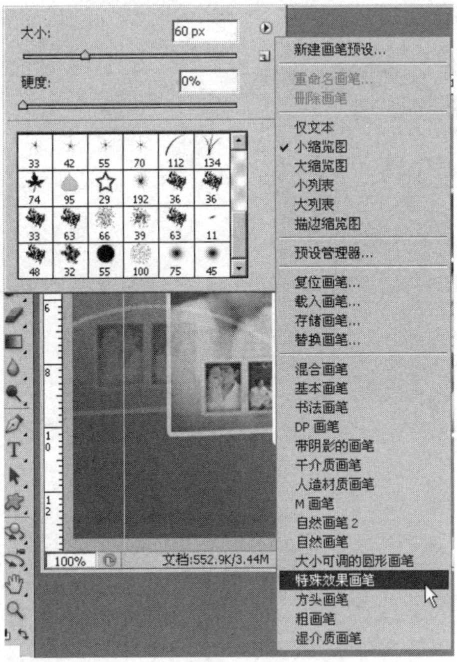

图 8-108

15）选择第一个花状笔头，在画布的合适位置绘制花纹，如图 8-109 所示。

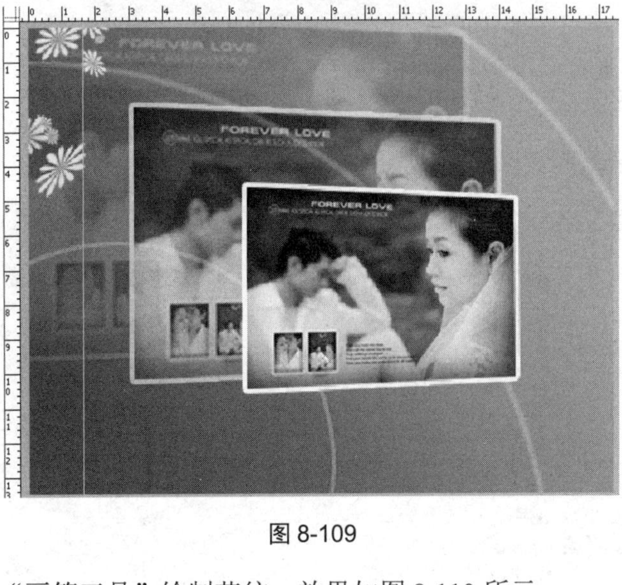

图 8-109

16）继续使用“画笔工具”绘制花纹，效果如图 8-110 所示。

17）利用“画笔工具”绘制完装饰图形后，再次单击“画笔工具”属性栏中“大小”选项右侧的按钮，在弹出的下拉菜单中选择“复位画笔”命令，如图 8-111 所示。

18）新建图层，按 F5 键，打开“画笔”面板，将“间距”值设置为 491%，如图 8-112 所示。

图 8-110

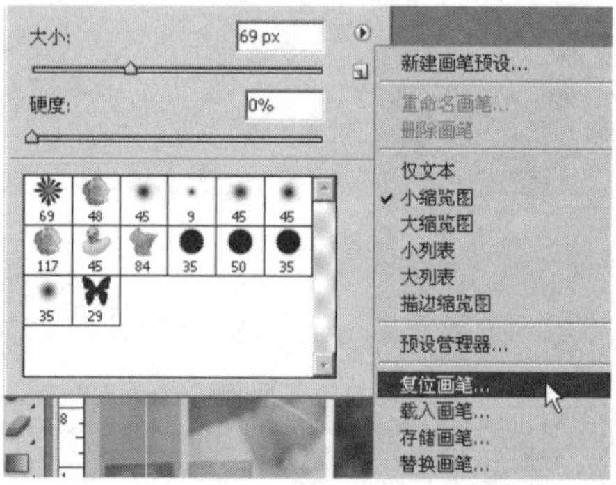

图 8-111

19）将“形状动态”下的“大小抖动”和“角度抖动”值设置为 100%，如图 8-113 所示。

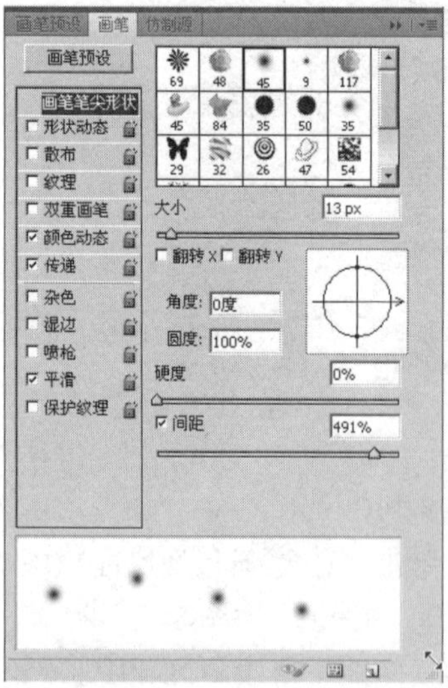

图 8-112

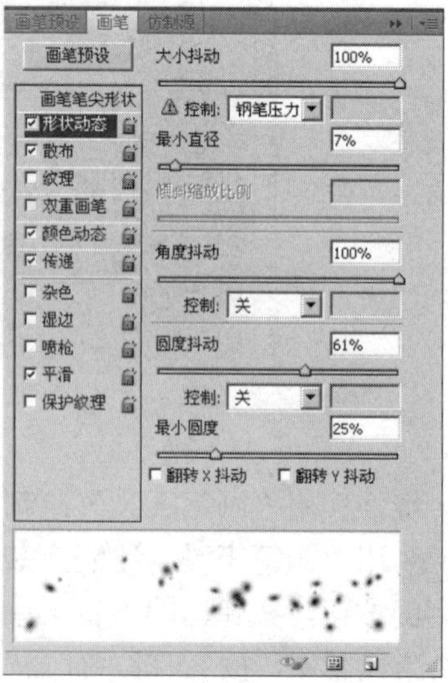

图 8-113

20）将“散布”下的“数量”值设置为 4，如图 8-114 所示。

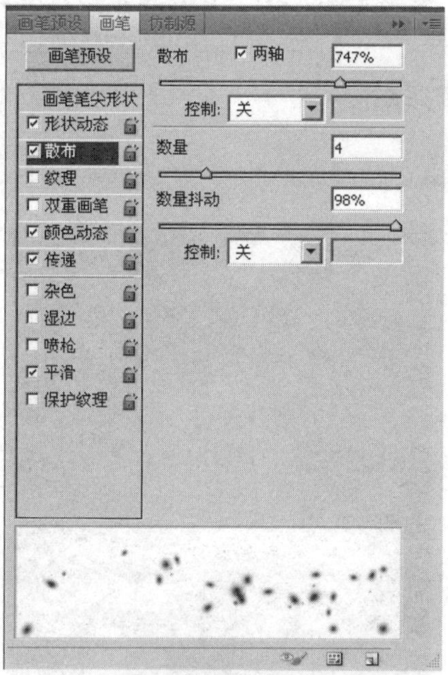

图 8-114

21）使用“画笔工具”在画布中进行绘制。最终完成的效果如图 8-115 所示。

图 8-115

第四阶梯　高级魔法师

任务一　好礼进万家

任务效果图（见图 8-116）

联通送吉祥
好礼进万家
新联通 新网络
新服务 新选择

图 8-116

实现过程

1）选择“文件”→“打开”命令，打开“好礼进万家”图片作为参考图。

2）启动 Photoshop CS5。选择“文件”→“新建”命令，弹出“新建”对话框，设置“名称”为“好礼进万家+姓名”，在“预设”下拉列表中选择当前文件名“好礼进万家.jpg”，即可建立一个同该文件尺寸一样的文件。

3）新建图层，为背景填充颜色，如图 8-117 所示。

4）使用“文字工具”在画布下方输入如图 8-118 所示的文字内容。

图 8-117

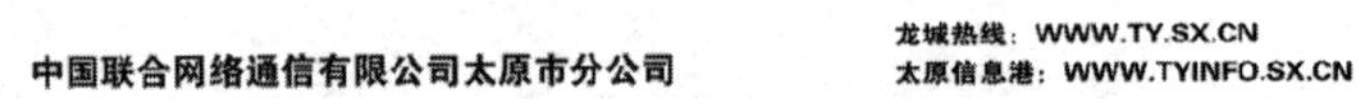
中国联合网络通信有限公司太原市分公司
龙城热线：WWW.TY.SX.CN
太原信息港：WWW.TYINFO.SX.CN

图 8-118

5）选择“椭圆选框工具”，设置“羽化”值，在画布的中间绘制圆形，如图 8-119 所示。

6）使用“自定义形状工具”绘制房子形状，如图 8-120 所示。

7）将福字图片导入到画布中，放置在合适位置，效果如图 8-121 所示。

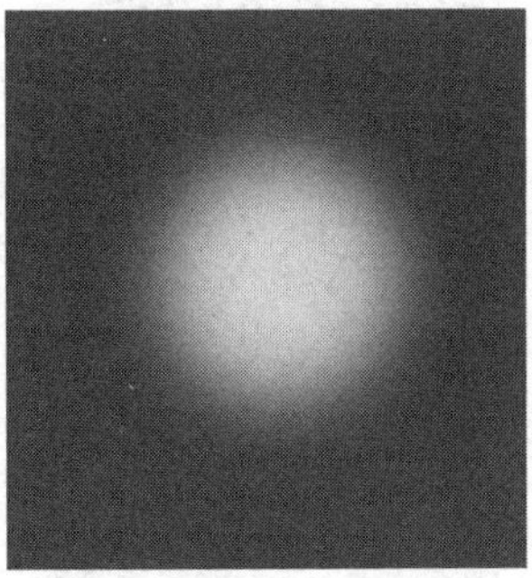

图 8-119

图 8-120

图 8-121

8）为图层设置图层样式，参数设置如图 8-122 至图 8-125 所示。

9）将图片导入到画布中，放置在合适位置，效果如图 8-126 所示。

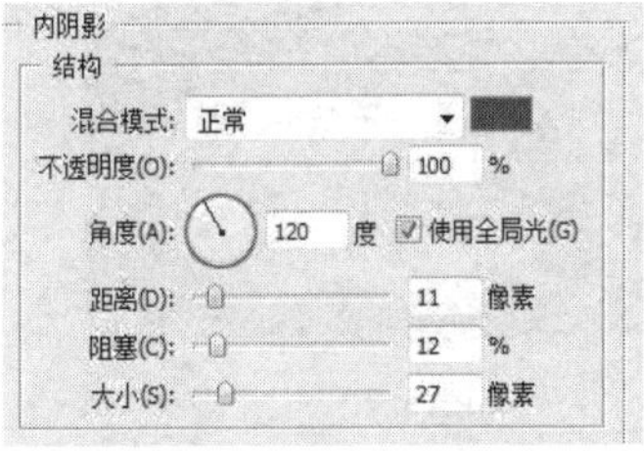

图 8-122

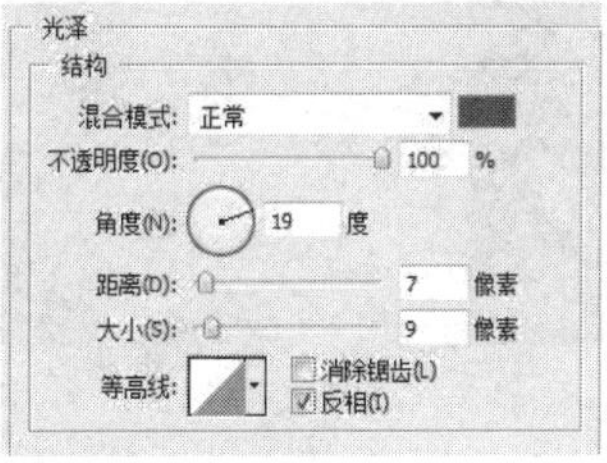

图 8-123

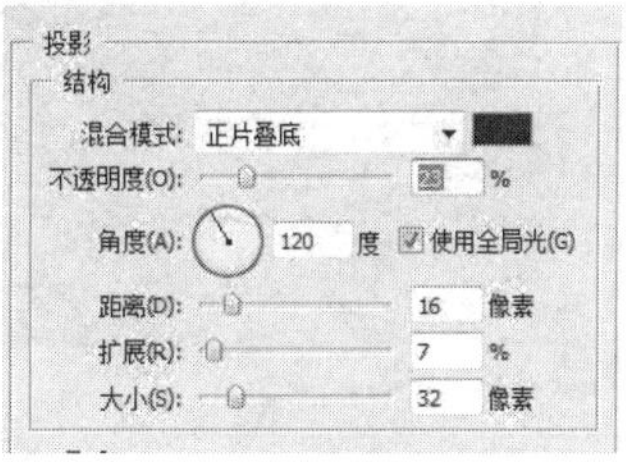

图 8-124

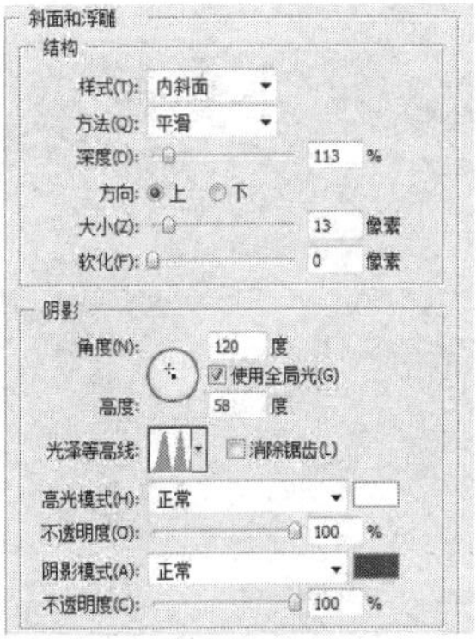

图 8-125

图 8-126

10）将礼品图片导入到画布中，放置在合适的位置，效果如图 8-127 所示。

11）选择“画笔工具”，在“画笔”面板中对画笔参数进行设置，使用“画笔工具”进行绘制，效果如图 8-128 所示。

12）设置路径文字。先使用“钢笔工具”绘制出路径曲线，再使用“文字工具”输入文字。

图 8-127

图 8-128

13）对文字图层设置图层样式，如设置描边、斜面和浮雕等参数，效果如图 8-129 所示。

14）复制文字图层，设置双层描边，效果如图 8-130 所示。

联通送吉祥
好礼进万家

图 8-129

联通送吉祥
好礼进万家

图 8-130

15）使用“文字工具”输入下方的文字，自行设置图层样式，效果如图 8-131 所示。最终效果如图 8-132 所示。

新联通 新网络
新服务 新选择

图 8-131

联通送吉祥
好礼进万家
新联通 新网络
新服务 新选择

图 8-132

任务二　德育伴我健康成长

任务效果图（见图 8-133）

图 8-133

实现过程

1）启动 Photoshop CS5。选择“文件”→“新建”命令，弹出“新建”对话框。设置“名称”为“德育展板”，设置“宽度”为 50、单位为“厘米”，设置“高度”为 30、单位为“厘米”，设置“分辨率”为 150 像素/英寸，如图 8-134 所示。

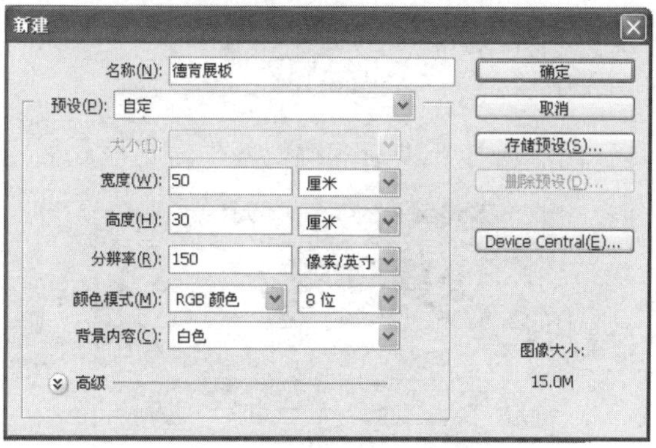

图 8-134

技巧与提示

实际尺寸一般都比示范比例大，在实际工作输出时，就采用实际度量单位，通常采用厘米。

2）按 Alt+Delete 组合键，填充前景色，如图 8-135 所示。

图 8-135

3）按 Ctrl+Shift+N 组合键，新建一个图层，命名为“图层 1”。

4）选择“钢笔工具”，在画布的上方绘制图形，如图 8-136 所示。

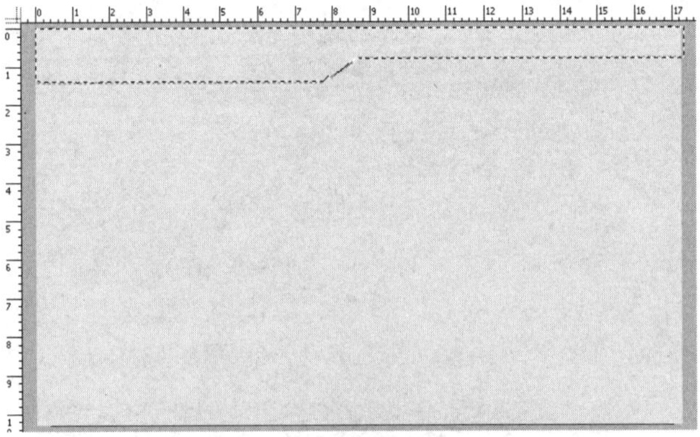

图 8-136

5）选择“渐变工具”，然后打开“渐变编辑器”对话框，如图 8-137 所示。

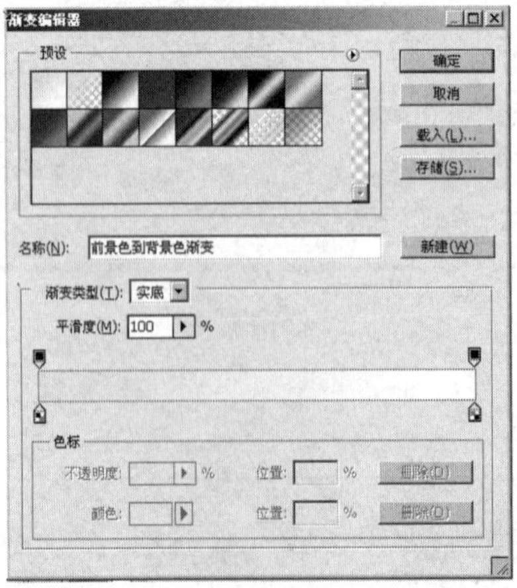

图 8-137

6）双击第 1 个色标块，将颜色调深，如图 8-138 所示。再双击第 2 个色标块，对颜色进行设置，如图 8-139 所示。

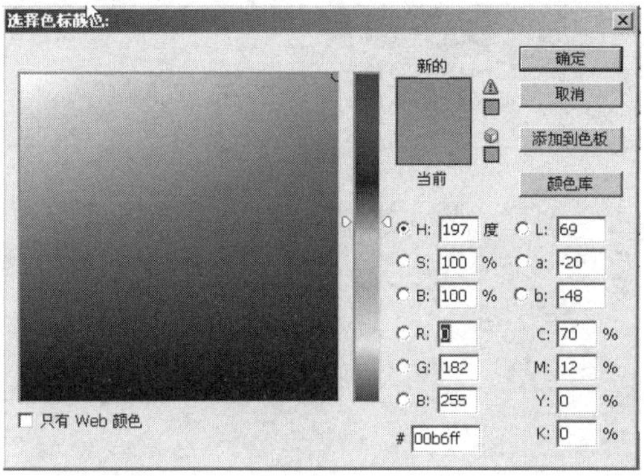

图 8-138

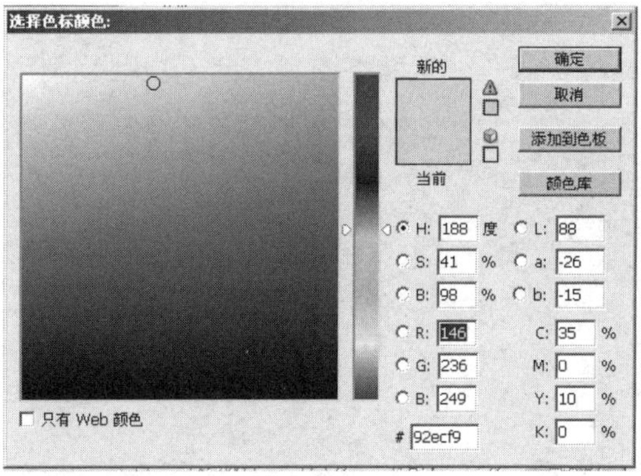

图 8-139

7）设置后的“渐变编辑器”对话框如图 8-140 所示。

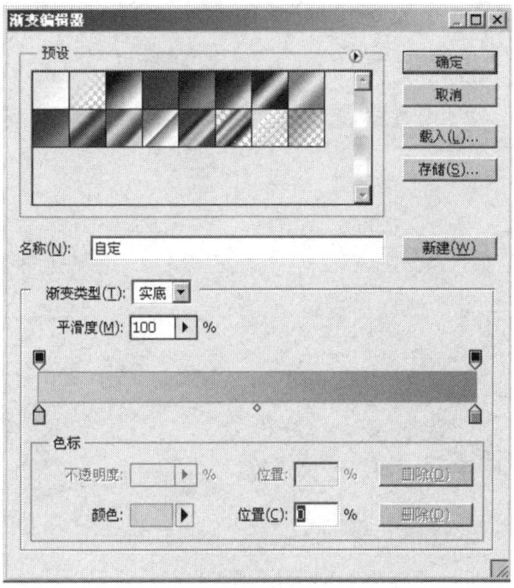

图 8-140

8）在选区中由下向上拖动，为其填充渐变色，如图 8-141 所示。

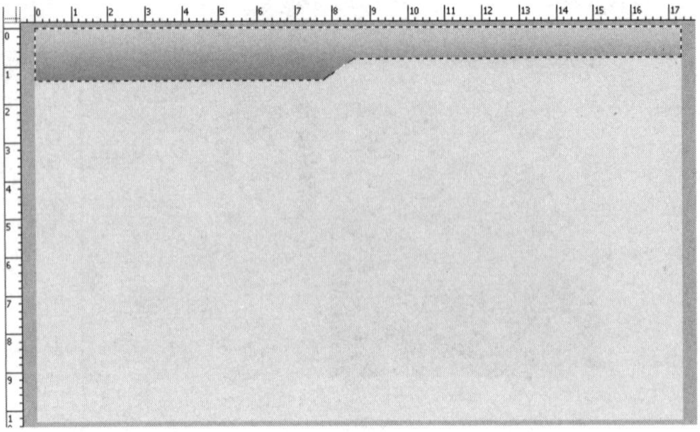

图 8-141

9）按 Ctrl+D 组合键取消选区的选择，将图层 1 的不透明度设置至 80%。

10）选择“移动工具”，按住 Alt 键将图层 1 向下拖动复制，效果如图 8-142 所示。

图 8-142

11）按 Ctrl+T 组合键进行自由变换，将图层旋转 180 度，如图 8-143 所示。

图 8-143

12）按 Ctrl+J 组合键复制图层 1 的副本，将其稍稍上移，将不透明度设置为 30%，如图 8-144 所示。

图 8-144

13）选中刚刚复制的图层，按 Ctrl+T 组合键，将其向右微调，如图 8-145 所示。

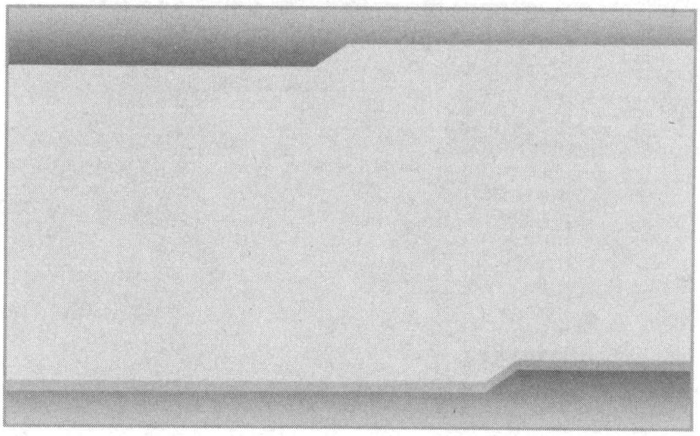

图 8-145

14）导入树叶图片，放置在合适位置，将不透明度设置为 25%，如图 8-146 所示。

图 8-146

15）选择“文字工具”，将字体设置为方正舒体，字号设置为 60，文字颜色设置为黑色，然后在画布上部输入文字，如图 8-147 所示。

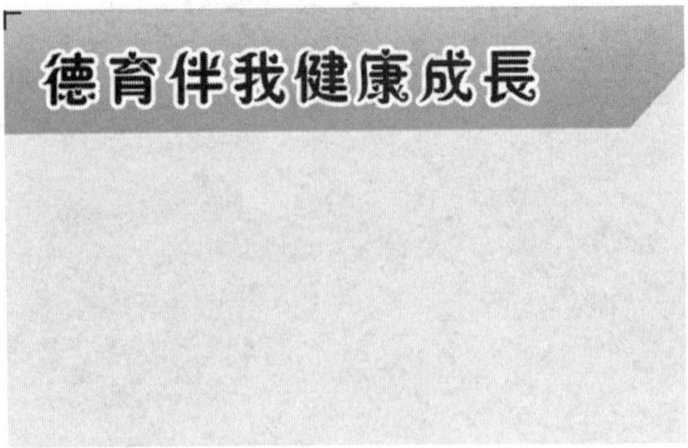

图 8-147

16）在“图层”面板中为其添加图层样式，为文字描白色边，描边参数设置如图 8-148 所示。

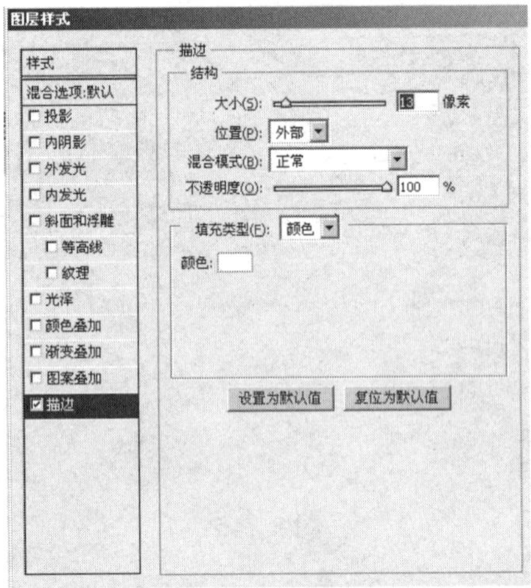

图 8-148

17）新建图层，使用“钢笔工具”绘制一个梯形并填充颜色，如图 8-149 所示。

图 8-149

18）在梯形中输入文字，并为文字设置外发光图层样式，参数设置如图 8-150 所示。

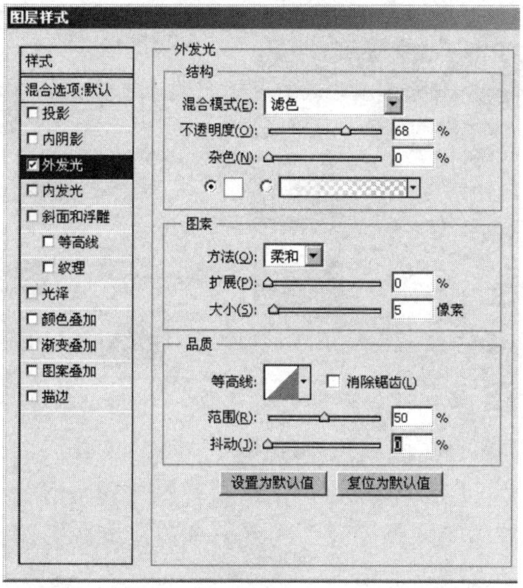

图 8-150

19）导入文字，按图 8-151 所示进行排版。

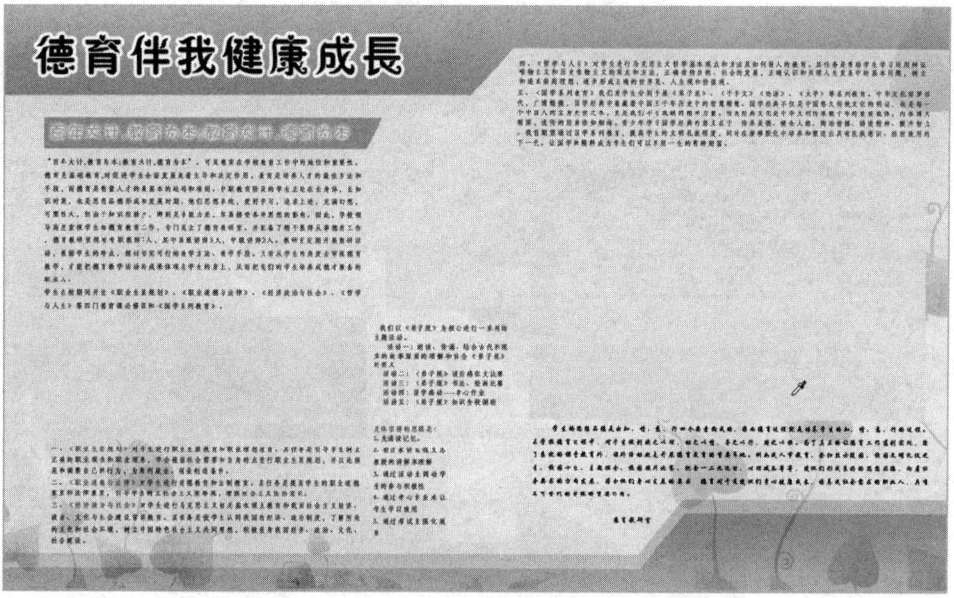

图 8-151

20）导入照片，按图 8-152 所示进行摆放。

图 8-152

21）将所有图层设置为可见状态，最终完成的效果如图 8-153 所示。

图 8-153

任务三　心形装饰配件

任务效果图（见图 8-154）

心飾愛件
PET- CHEMISETTE
It is an ambulation equipments is an U dish
BE also a decoration

图 8-154

实现过程

1）启动 Photoshop CS5。选择“文件”→“打开”命令，打开“心饰配件”图片作为参考图。

2）选择“文件”→“新建”命令，弹出“新建”对话框，设置“名称”为“心形装饰配件+姓名”，在“预设”下拉列表中选择当前文件名“心形装饰配件.jpg”，即可建立一个同该文件尺寸一样的文件。

3）新建图层，为背景填充颜色，如图 8-155 所示。

4）使用“钢笔工具”绘制半个心形的边缘形状，如图 8-156 所示。为其添加斜面和浮雕图层样式，参数设置如图 8-157 所示。效果如图 8-158 所示。

图 8-155

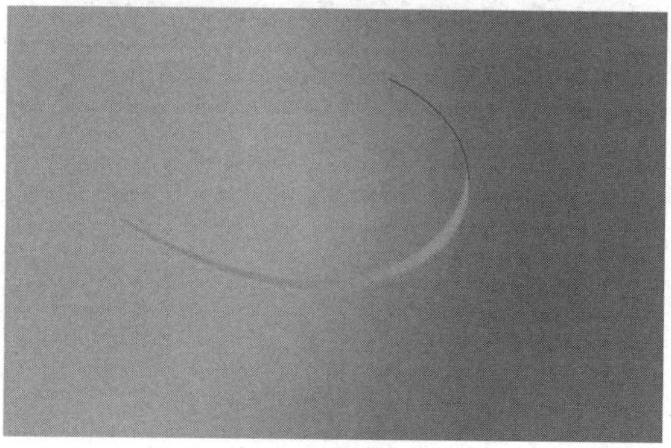

图 8-156

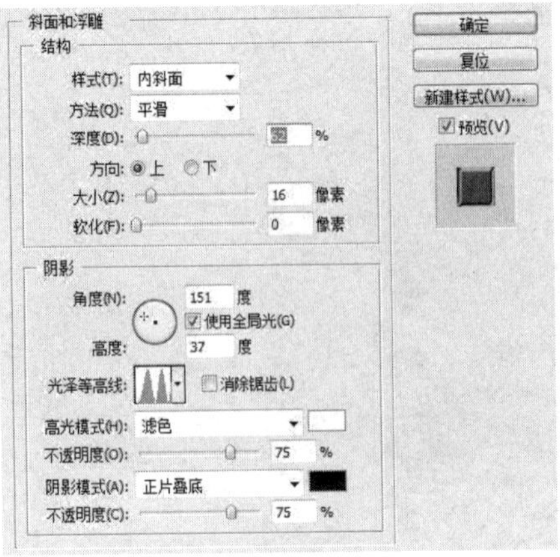

图 8-157

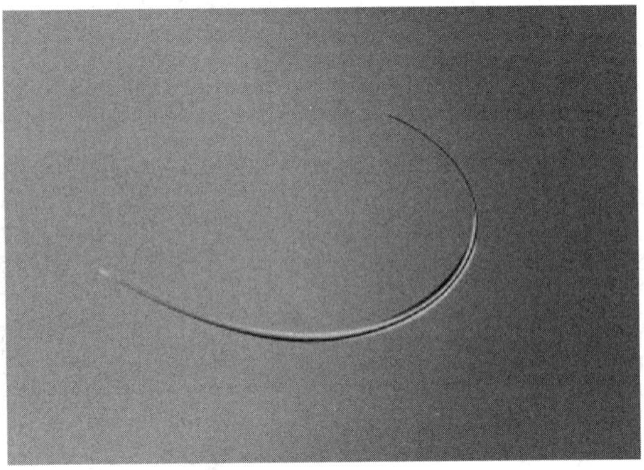

图 8-158

5）使用“钢笔工具”绘制半个心形。选择“滤镜”→“像素化”→“晶格化”命令，制作晶格化效果，如图 8-159 所示。复制图层，按组合键 Ctrl+L 调整色相/饱和度，降低图片的饱和度，参数设置如图 8-160 所示。效果如图 8-161 所示。

6）使用“钢笔工具”沿着半个心形的边缘，绘制一个如图 8-162 所示的形状并降低该图层的不透明度。

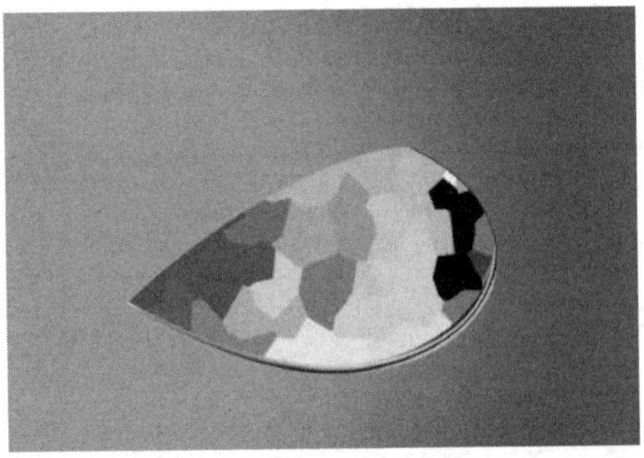

图 8-159

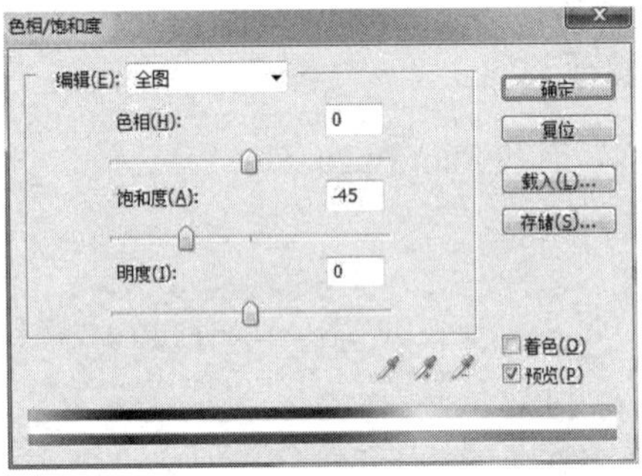

图 8-160

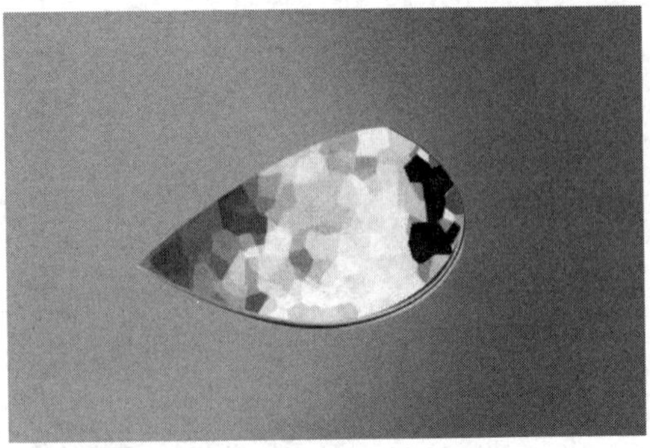

图 8-161

图 8-162

7）显示所有图层后，效果如图 8-163 所示。选择“图像”→“调整”→“色相/饱和度”命令，调整色相，效果如图 8-164 所示。

图 8-163

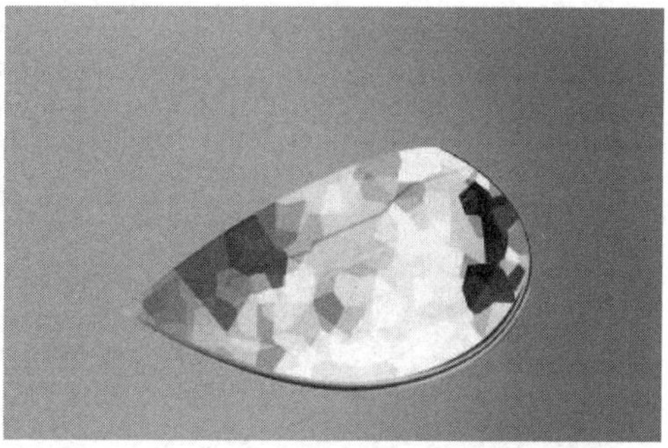

图 8-164

8）使用“钢笔工具”绘制曲面，并绘制曲面上的高光，填充渐变色，如图 8-165 所示。

9）使用“钢笔工具”绘制 U 盘的插口形状，如图 8-166 所示。

10）使用“钢笔工具”绘制 U 盘的插头形状，使用“渐变工具”加强金属质感，添加投影图层样式，效果如图 8-167 所示。

图 8-165

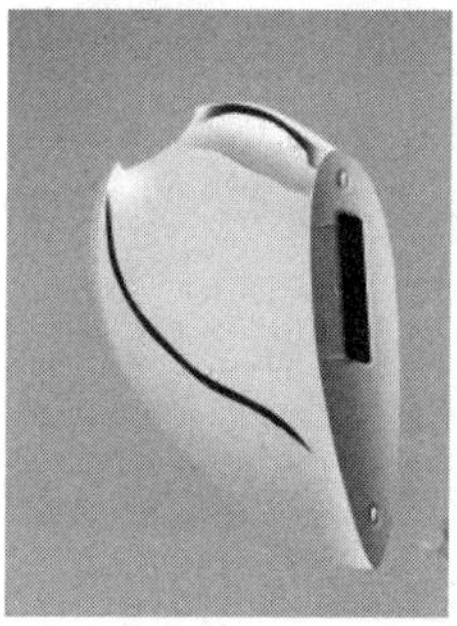

图 8-166

图 8-167

11）使用“钢笔工具”绘制 1/4 个心形，使用“渐变工具”填充渐变色，设置图层样式，效果如图 8-168 所示。将前面绘制好的半个心形的图层进行复制，移动至合适位置，对图形进行自由变换调整，效果如图 8-169 所示。

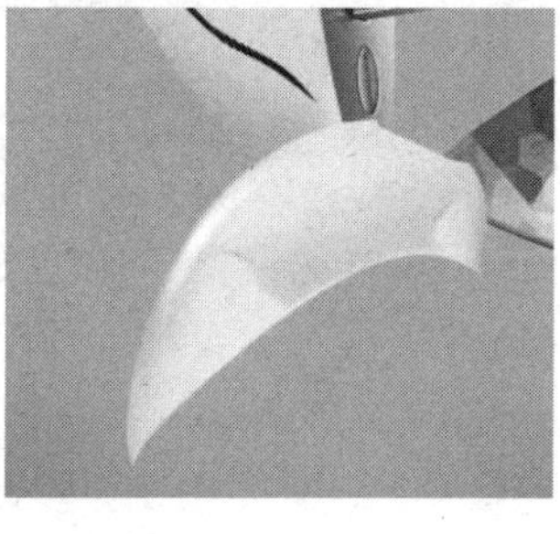

图 8-168

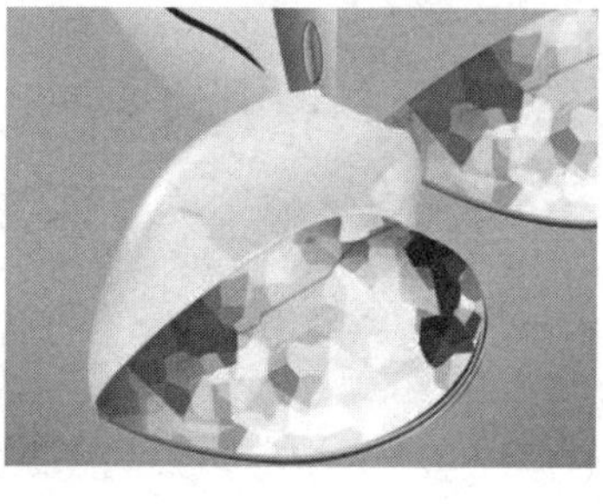

图 8-169

12）使用“文字工具”输入如图 8-170 所示的文字。

13）选择“画笔工具”，在“画笔”面板中对画笔参数进行设置，然后进行绘制，效果如图 8-171 所示。

心飾愛件
PET- CHEMISETTE
It is an ambulation equipments is an U dish
BE also a decoration
We can take it to the neck, regarding as decoration.
Can also be used as an U dish usage.And then vogue, again beautiful.

图 8-170

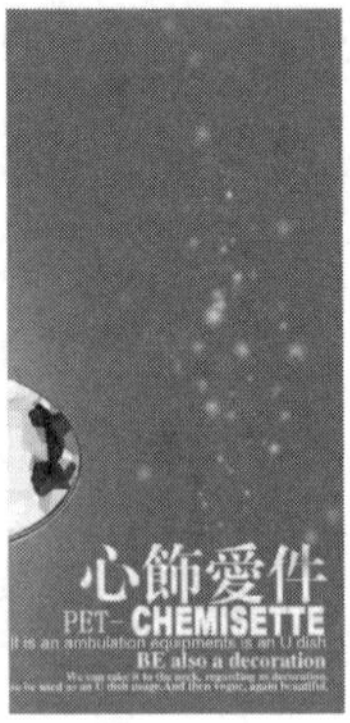
心飾愛件
PET- CHEMISETTE

图 8-171

14）导入绳子图片，调整其位置，效果如图 8-172 所示。

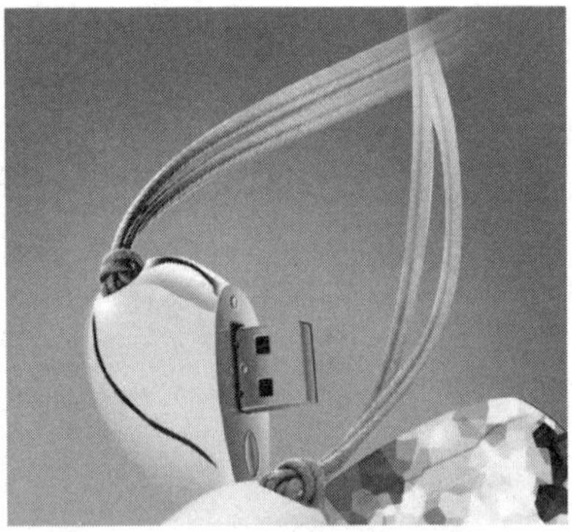

图 8-172

15）在心形 U 盘的下方绘制一个自由选区，为选区填充与心形颜色同色系的颜色以制作出心形的阴影，效果如图 8-173 所示。最终完成的效果如图 8-174 所示。

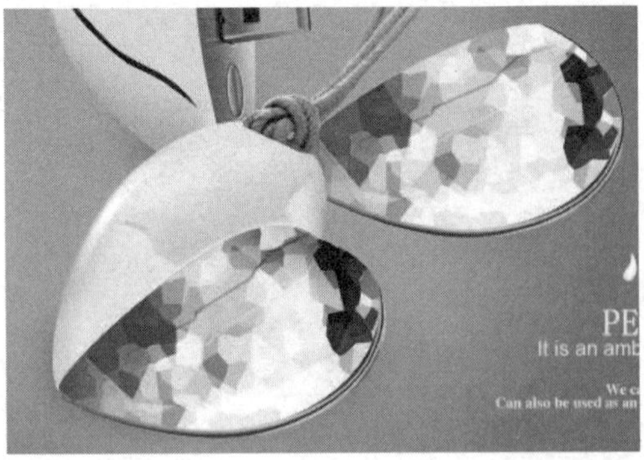

图 8-173

心飾愛件
PET- CHEMISETTE

图 8-174

任务四　函授大专宣传板

任务效果图（见图 8-175）

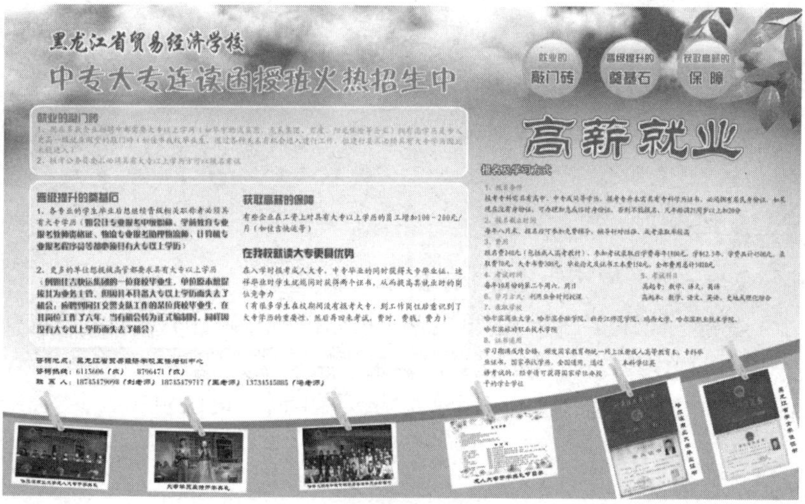

图 8-175

实现过程

1）启动 Photoshop CS5。选择“文件”→“新建”命令，弹出“新建”对话框，设置“名称”为“成人大专+姓名”，设置“宽度”为 8844、单位为“像素”，设置“高度”为 5804、单位为“像素”，“分辨率”默认为 72 像素/英寸，如图 8-176 所示。

2）使用“渐变工具”为背景填充渐变色，如图 8-177 所示。

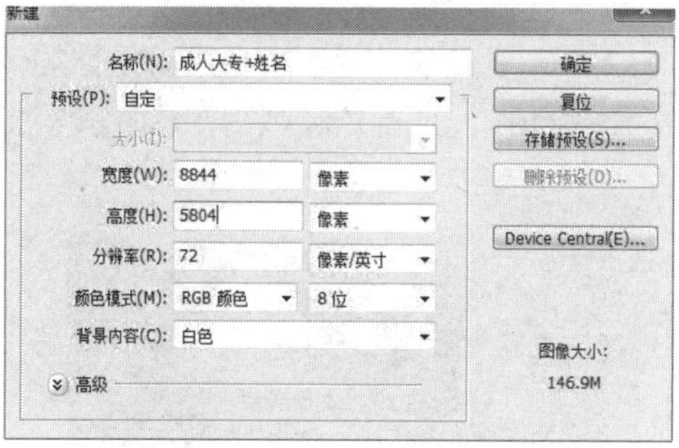

图 8-176

图 8-177

3）将素材图片导入到当前画布中。使用“橡皮擦工具”，按如图 8-178 所示进行参数设置。对素材图片进行修饰，效果如图 8-179 所示。

4）使用“钢笔工具”绘制如图 8-180 所示的曲线，并填充颜色。

图 8-178

图 8-179

图 8-180

5）使用“文字工具”输入如图 8-181 所示的文字内容。

6）使用“圆角矩形工具”绘制圆角矩形，填充白色并设置不透明度。选择“编辑”→“描边”命令，对圆角矩形进行描边处理，效果如图 8-181 所示。

7）使用同样的方法，再绘制一个圆角矩形，效果如图 8-182 所示。

黑龙江省贸易经济学校
中专大专连读函授班火热招生中

图 8-181

图 8-182

8）使用“椭圆选框工具”绘制圆形，如图 8-183 所示。绘制一个稍小一些的圆形，然后使用“渐变工具”用“前景色到透明”的渐变方式绘制圆形上的高光区域，效果如图 8-184 所示。

图 8-183

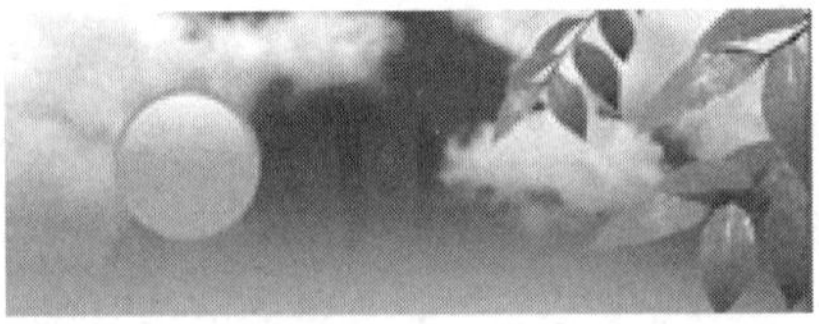

图 8-184

技巧与提示

使用“椭圆选框工具”绘制时，可以配合使用 Shift 键，得到正圆形。

9）使用“移动工具”的同时按住 Alt 键，对图形进行拖动复制，效果如图 8-185 所示。

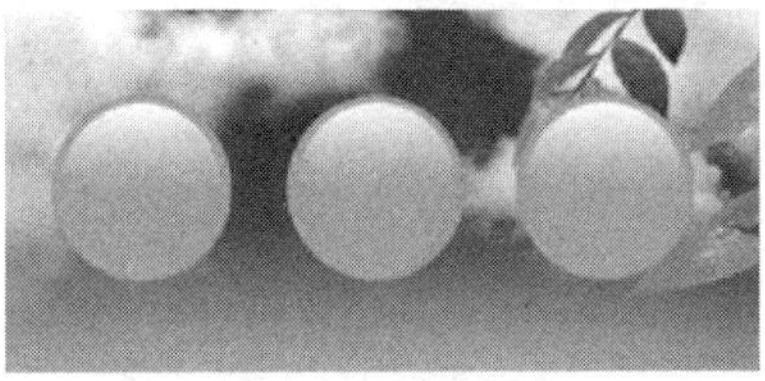

图 8-185

10）导入文字，按图 8-186 所示进行排版。

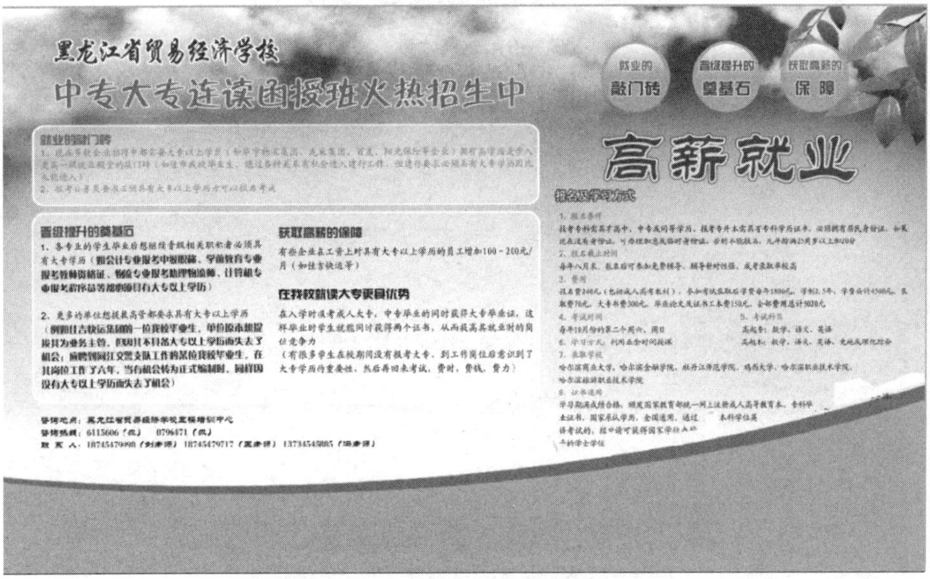
黑龙江省贸易经济学校
中专大专连读函授班火热招生中
就业的敲门砖
晋级提升的奠基石
获取高薪的保障
高薪就业
报名及学习方式
在我校就读大专更具优势

图 8-186

11）新建图层，使用“矩形选框工具”绘制矩形框，效果如图 8-187 所示。

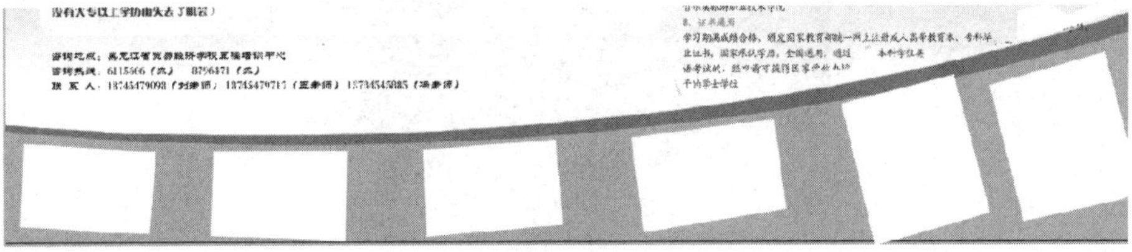

图 8-187

12）导入夹子图片，并将其放置到合适位置，效果如图 8-188 所示。

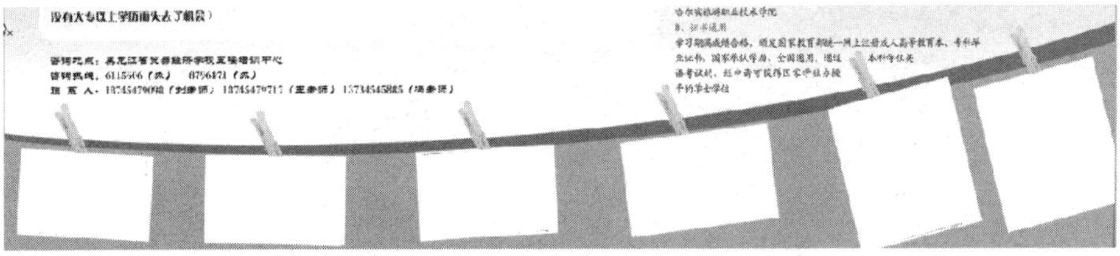

图 8-188

13）导入照片，放置到前面绘制的矩形框中，效果如图 8-189 所示。

图 8-189

14）为每张照片配上相应的文字，效果如图 8-190 所示。

图 8-190

15）最终完成的效果如图 8-191 所示。

黑龙江省贸易经济学校
中专大专连读函授班火热招生中
就业的敲门砖
晋级提升的奠基石
获取高薪的保障
高薪就业
就业的敲门砖
晋级提升的奠基石
1．各专业的学生毕业后想继续晋级相关职称者必须具有大专学历（如会计专业报考中级职称、学前教育专业报考教师资格证、物流专业报考助理物流师、计算机专业报考程序员等都必须具有大专以上学历）
2．更多的单位想提拔高管都要求具有大专以上学历（例如佳吉快运集团的一位我校毕业生，单位原本想提拔其为业务主管，但因其不具备大专以上学历而失去了机会；应聘到同江交警支队工作的某位我校毕业生，在其岗位工作了六年，当有机会转为正式编制时，同样因没有大专以上学历而失去了机会）
获取高薪的保障
有些企业在工资上对具有大专以上学历的员工增加100～200元/月（如佳吉快运等）
在我校就读大专更具优势
在入学时报考成人大专，中专毕业的同时获得大专毕业证，这样毕业时学生就能同时获得两个证书，从而提高其就业时的岗位竞争力
（有很多学生在校期间没有报考大专，到工作岗位后意识到了大专学历的重要性，然后再回来考试，费时、费钱、费力）
咨询地点：黑龙江省贸易经济学校函授培训中心
咨询热线：6115606（农）　8796471（农）
联系人：18745479098（刘老师）18745479717（王老师）13734545885（冯老师）
报名及学习方式
报考专科需具有高中、中专或同等学历，报考专升本需具有专科学历证书，必须拥有居民身份证，如果现在没有身份证，可办理加急或临时身份证，否则不能报名。凡年龄满25周岁以上加20分
每年八月末，报名后可参加免费辅导，辅导针对性强，成考录取率较高
报名费240元（包括成人高考教材），参加考试录取后学费每年1800元，学制2.5年，学费共计4500元，录取费70元，大专书费300元，毕业论文及证书工本费150元，全部费用总计5020元
4．考试时间
每年10月份的第二个周六、周日
5．考试科目
高起专：数学、语文、英语
高起本：数学、语文、英语、史地或理化综合
6．学习方式：利用业余时间授课
7．录取学校
哈尔滨商业大学、哈尔滨金融学院、牡丹江师范学院、鸡西大学、哈尔滨职业技术学院、哈尔滨旅游职业技术学院
8．证书通用
学习期满成绩合格，颁发国家教育部统一网上注册成人高等教育本、专科毕业证书，国家承认学历，全国通用，通过　本科学位英语考试的，经申请可获得国家学位办授予的学士学位

图 8-191

课堂反馈

- PSD 文件是用 Photoshop 软件创建的，也必须用 Photoshop 软件打开。
- RGB 指的就是 Red、Green、Blue（红、绿、蓝）3 种颜色，它是以这 3 种颜色为基色进行叠加而模拟出大自然色彩的组合模式。一般计算机显示器、彩色电视机等的色彩都使用这种模式。
- JPG 是有损压缩格式，但是它表示的颜色比较丰富，一般用来显示真彩的照片或图案。
- 分辨率越高代表图像质量越好，越能表现出更多的细节，但相对而言因为记录的信息越多，文件也就会越大。

课 堂 笔 记

课堂内容	知识掌握情况	需要帮助的地方
点		
线		
面		
色彩		
布局		

你还掌握了哪些知识？

附录　Photoshop 常用快捷键

图　标	快 捷 键	相关说明
	M	矩形、椭圆选框工具
	C	裁剪工具
	V	移动工具
	L	套索、多边形套索、磁性套索工具
	W	魔棒工具
	J	污点修复画笔工具
	B	画笔工具
	S	仿制图章、图案图章工具
	Y	历史记录画笔工具
	E	橡皮擦工具
	N	相机旋转工具
	K	对象旋转工具
	R	模糊、锐化、涂抹工具
	O	减淡、加深、海棉工具
	P	钢笔、自由钢笔工具
	T	横排文字、横排文字蒙版、直排文字、直排文字蒙版工具
	G	渐变、油漆桶工具
	U	矩形工具
	I	吸管工具
	H	抓手工具
	Z	缩放工具
	D	默认前景色和背景色
	X	切换前景色和背景色
	Q	切换标准模式和快速蒙版模式
	A	直接选择工具
	F	标准屏幕模式、带有菜单栏的全屏模式、全屏模式
	Ctrl+N	新建图形文件
	Ctrl+Alt+N	用默认设置创建新文件
	Ctrl+Alt+Shift+O	打开为
	Ctrl+W	关闭当前图像
	Ctrl+S	保存当前图像

续表

图　标	快 捷 键	相关说明
	Ctrl+Shift+S	另存为
	Ctrl+Alt+S	存储副本
	Ctrl+P	打印
	Ctrl+K	打开“首选项”对话框
	Alt+Ctrl+K	打开最后一次显示的“首选项”对话框
	Ctrl+1	设置“常规”选项（在“首选项”对话框中）
	Ctrl+2	设置“界面”（在“首选项”对话框中）
	Ctrl+3	设置“文件处理”（在“首选项”对话框中）
	Ctrl+4	设置“性能”（在“首选项”对话框中）
	Ctrl+5	设置“光标”（在“首选项”对话框中）
	Ctrl+6	设置“透明度与色域”（在“首选项”对话框中）
	Ctrl+7	设置“单位与标尺”（在“首选项”对话框中）
	Ctrl+8	设置“参考线、网格和切片”（在“首选项”对话框中）
	Ctrl+Z	还原/重做前一步操作
	Ctrl+Alt+Z	后退一步
	Ctrl+Shift+Z	前进一步
	Ctrl+X 或 F2	剪切选取的图像或路径
	Ctrl+C	复制选取的图像或路径
	Ctrl+V 或 F4	将剪贴板的内容粘贴到当前图形中
	Ctrl+Shift+V	原位粘贴
	Ctrl+T	自由变换
	Ctrl+Shift+T	自由变换复制的像素数据
	Ctrl+Delete	用背景色填充所选区域或整个图层
	Alt+Delete	用前景色填充所选区域或整个图层
	Ctrl+L	打开“调整色阶”对话框
	Ctrl+M	打开“曲线”对话框
	Ctrl+B	打开“色彩平衡”对话框
	Ctrl+U	打开“色相/饱和度”对话框
	Ctrl+Shift+U	去色
	Ctrl+I	反相
	Ctrl+Shift+N	从对话框新建一个图层
	Ctrl+J	复制当前图层选区到新图层
	Ctrl+G	图层编组
	Ctrl+E	向下合并或合并链接图层
	Ctrl+Shift+G	取消图层编组

续表

图　标	快 捷 键	相关说明
	/	保留当前图层的透明区域（开关）
	Ctrl+1	“投影”效果（在“图层样式”对话框中）
	Ctrl+2	“内阴影”效果（在“图层样式”对话框中）
	Ctrl+3	“外发光”效果（在“图层样式”对话框中）
	Ctrl+4	“内发光”效果（在“图层样式”对话框中）
	Ctrl+5	“斜面和浮雕”效果（在“图层样式”对话框中）
	Alt+-或+	循环选择混合模式
	Ctrl+Alt+N	正常
	Ctrl+Alt+M	正片叠底
	Ctrl+Alt+O	叠加
	Ctrl+Alt+F	柔光
	Ctrl+A	全部选取
	Ctrl+D	取消选择
	Ctrl+Shift+D	重新选择
	Shift+F6	羽化选择
	Ctrl+Shift+I	反向选择
	Ctrl+Shift+Y	打开/关闭色域警告
	Ctrl++	放大视图
	Ctrl+-	缩小视图
	Ctrl+0	满画布显示
	Ctrl+H	显示/隐藏选择区域
	Ctrl+Shift+H	显示/隐藏路径
	Ctrl+R	显示/隐藏标尺
	F5	显示/隐藏“画笔”面板
	F6	显示/隐藏“颜色”面板
	F7	显示/隐藏“图层”面板
	F8	显示/隐藏“信息”面板
	F9	显示/隐藏“动作”面板
	Tab	显示/隐藏所有命令面板

反侵权盗版声明

尊敬的老师：

您好。

请您认真、完整地填写以下表格的内容（务必填写每一项），索取相关图书的教学资源。

教学资源索取表

书　名				作 者 名	
姓　名		所在学校			
职　称		职　务		讲授课程	
联系方式	电话：		E-mail：		
地址（含邮编）					
贵校已购本教材的数量（本）					
所需教学资源					
系／院主任姓名					

系／院主任：____________________（签字）

（系／院办公室公章）

20_____年____月____日

注意：

① 本配套教学资源仅向购买了相关教材的学校老师免费提供。

② 请任课老师认真填写以上信息，并请系／院加盖公章，然后传真到（010）80115555 转 718438 上索取配套教学资源。也可将加盖公章的文件扫描后，发送到 fservice@126.com 上索取教学资源。欢迎各位老师扫码关注我们的微信号和公众号，随时与我们进行沟通和互动。

③ 个人购买的读者，请提供含有书名的购书凭证，如发票、网络交易信息，以及购书地点和本人工作单位来索取。

微信号

公众号

中国工信出版集团

電子工業出版社
PHEI PUBLISHING HOUSE OF ELECTRONICS INDUSTRY